$E = mc^2$ のからくり

エネルギーと質量はなぜ「等しい」のか

山田 克哉　著

ブルーバックス

カバー装幀／芦澤泰偉・児崎雅淑
カバー写真／ Shutterstock／アフロ
本文デザイン・図版制作／鈴木知哉＋あざみ野図案室

はじめに――世界一有名な数式が語る「物理の神髄」

エネルギーと質量と光速度と

$E=mc^2$――それがどのような領域であれ、現代物理学を語るに際して、このきわめてシンプルな数式を無視するのはなかなかに困難です。筆者自身、1996年に刊行した『原子爆弾』以降、講談社ブルーバックスから計8冊の著作を上梓してきましたが、そのほとんどに$E=mc^2$が登場しています。

量子力学をはじめとする物理学の諸分野、否《いな》、あらゆる自然科学の諸領域は通常、数多くの科学者たちが切磋琢磨し、それぞれに知見を積み重ねることで発展してきました。$E=mc^2$は、それらとはまったく一線を画しています。

1905年、『物体の慣性はその物体の含むエネルギーに依存するであろうか』と題する論文中で初めて言及されたこの数式は、アルバート・アインシュタインが単独で構想した「特殊相対性理論」の誕生とともに、突如として私たちの前に姿を現しました。そしてそれは、従来の物理観、宇宙観を根底から覆《くつがえ》すインパクトを秘めていたのです。

$E=mc^2$——このシンプルな式には、たった三人の〝人物〟しか登場しません。エネルギー(E)、質量(m)、そして光速度(c)です。

特殊相対性理論の要の一つは「光速度不変の原理」で、この宇宙に存在するあらゆる速度が「相対的」であるとする一方、唯一の例外として「絶対速度」をもつのが光だと宣言しています。その速度、すなわち光速度c＝秒速約30万㎞です。

つまり、$E=mc^2$は、定数であるc(その2乗)を介して、「エネルギーと質量が等価である」ことを示しているのです。エネルギーと質量が「等しい」とは、いったいどういうことなのか？等しいからには、両者は互いに、エネルギーから質量へ、はたまた質量からエネルギーへと姿を変えうるのか？　であるならば、果たしてエネルギーとはなにか、質量とはなんなのか？　……さまざまな疑問が頭をもたげてきます。

本書は、その〝からくり〟を解き明かすために書かれました。

熱いコーヒーカップは重くなる⁉

身近な例からはじめましょう。

たとえば今、あなたはこのページを、コーヒーを飲みながら読んでいるとします。一口飲んだところで「ちょっとぬるいな」と感じたあなたは、コーヒーカップを電子レンジで温めました。このとき、温める前と後とで、コーヒーカップにはどのような変化が起こっていますか？

そうです、中のコーヒーが温められた結果、カップもまた、少し熱くなっています。素材によっては、かなり温度が高くなっているかもしれません（やけどに注意！）。すなわち、カップのもつ熱エネルギーが増加しています。

ところが、変化はこれにとどまりません。熱エネルギーが増えたぶん、$E=mc^2$を通して、カップの質量も増えているのです！ もちろん、その増加分はどんな測定器でも検出できないほどごくごく微量です。しかし、もしあなたが超微量の質量変化にも敏感に反応する〝特殊〟な体質の持ち主であったなら、間違いなくカップを重く感じることでしょう。エネルギーはまぎれもなく、質量へと変換されているのです。

これとは反対に、質量がエネルギーへと変換される現象も存在します。不幸なことに人類は、その威力を核兵器を通じて思い知らされることになりました。原子爆弾です。

質量がエネルギーへと姿を変える際には、$E=mc^2$の「c^2」がきわめて大きな役割を果たします。なにしろ、c＝30万㎞／sというそもそも巨大な値です。これが2乗されることで、わずかな質量（m）から巨大なエネルギー（E）が生み出されるのです。なぜ1発の原子爆弾があれほど甚大な被害をもたらしうるのか――そのカギを握っているのも$E=mc^2$です。

不確定性原理との〝コラボレーション〟

エネルギーは質量化し、質量はエネルギー化する――このような常識外れの発想は、アインシュタインが登場するまで、誰一人として思いつくことはありませんでした。

そして、$E=mc^2$は、量子力学が生み出したあらゆる粒子のふるまいを支配する法則＝不確定性原理との〝協業〟によって、さらなるふしぎ現象を生み出します。それは、何もないはずの空っぽの空間＝真空空間にひそむエネルギーを使って、そのエネルギーを質量に変えるというのですが……？

＊

本書は、物理学の詳しい知識をもたない人を前提に、初歩の初歩から「$E=mc^2$のからくり」を解き明かしていきます。初めて物理学ジャンルの本を読む人にも平易に読み進むことができる一方、物理学に親しんでいる読者にも、新たな角度から発見が得られるよう工夫して書いてあります。以下に、本書の構成をご説明します。

本書の主人公である$E=mc^2$のうち、まずmとcが登場する第1章では、「自然現象を司《つかさど》る法則」、すなわち物理法則がどのように発見されてきたのかを紹介します。アインシュタインの発想の斬新さに驚くための準備体操も兼ねています。

第2章は、残るEを登場させながら、「物体に変化を生み出す源」としてのエネルギーの本質に迫ります。

続く第3章、第4章では、この宇宙に存在する四つの力を紹介しながら、$E=mc^2$の真髄を理解するためのバイプレーヤーを登場させます。第2章までの基礎知識をより深めながら、「場《ば》」をはじめとする物理学の重要なキーワードたちと出会います。

本書の山場となる第5章では、$E=mc^2$がもたらした「新しい宇宙観」に迫ります。光速度cがなぜ〝絶対〟速度なのか、$E=mc^2$においてどうして2乗されるのか、そしてエネルギーと質量が「等価である」とはどういうことか。$E=mc^2$をめぐるすべての謎が解き明かされます。

最終第6章では、宇宙初期に起こった「インフレーション」や「ビッグバン」などの重要イベントを紹介しながら、現在もなお続く宇宙進化と$E=mc^2$の深い関係を掘り下げていきます。質量、すなわちmの誕生と$E=mc^2$の意外な関係にも言及します。

世界で最も有名な数式が語る「物理学の真髄」とは？　どうぞ最後までお楽しみください。

２０１８年初春、ロサンゼルス郊外にて

山田　克哉

もくじ

Physics

ergy

Force and Field

第3章 力と場のからくり ――真空を伝わる電磁力と重力のふしぎ 63

En

Uncertainty principle

第4章

「人間が感知できない世界」のからくり

――〝秘められた物理法則〟と光子のふしぎ

mc²

The Equation

第5章

$E=mc^2$ のからくり
——エネルギーと質量はなぜ「等しい」のか

157

E=

There is something in nothing

第1章

物理学のからくり

——「自然現象を司る法則」の発見

素粒子──この不可思議なるもの

物理学でいう〝素粒子〟とは、実に不可思議な存在です。なにしろその粒子には「内部構造」が存在せず、「点」のごとくふるまうというのです。点のごとく……⁉

〝点〟は必ずしも、物理的な〝モノ〟ではありません。むしろ、数学的に定義された存在です。なぜなら、点は空間中における〝ある位置〟だけを示すものであって、その体積は正確に「ゼロ」だからです。したがって、どんな微小空間にも、点は無限個存在することになります。

私たち生命をはじめとするすべての物質は、この不可思議な素粒子の、幾種類かの組み合わせによって構成されています。どれほど小さな物質であっても、それを構成している素粒子の数(種類ではありません)は、何兆個の何兆倍の、そのまた何兆倍といったような膨大なものとなっています。

ただし、これらの素粒子だけで物質を構成するのは不可能です。なぜなら、この膨大な数の素粒子を〝糊《のり》づけ〟しないかぎり、物質はみなバラバラになって、個々の素粒子に分解されてしまうからです。なおふしぎなことに、この〝糊〟の役目を果たすのもまた、素粒子であることがわかっています。つまり、素粒子には次の2種類があるのです。

❶物質を構成する物質粒子。この、いわば〝物質素粒子〟は「フェルミオン」と命名されてい

ます。

❷物質素粒子（フェルミオン）を糊づけする素粒子。この〝糊づけ素粒子〟は「ボゾン」と命名されています。

フェルミオンの間でボゾンが交換（キャッチボール）されることによって〝糊の力〟が発生し、物質粒子が糊づけされるのです。ボゾンを介してフェルミオンが結ばれるこのような現象を「フェルミオンどうしの相互作用」といいます。詳しくは後述しますが、この考えに基づいて、原子の成り立ちや、放射性物質からどのようにして放射線が出てくるのかを説明する理論を「標準模型」といいます。

人体を構成している37兆個もの細胞の一つひとつも、やはりフェルミオンとボゾンからできています。内部構造のない個々の素粒子は、「生命体」が発揮するさまざまな性質をいっさい持ち合わせていません。個々の素粒子は「生きている」とはとてもいえない状態なのに、たくさんのフェルミオン（物質素粒子）が集まってボゾンによって糊づけされた「細胞」が構成されると、なぜかそこに〝生命〟が発生するのです。

細胞は生きています。生命のない素粒子が集まって、そこに生命が現れるとは本当にふしぎですね。生物学における細胞説によれば、生命体が生命体としての性質をもつ最小単位は細胞であって、素粒子ではありません。

生命を含むさまざまな物質が「何からできているのか」に考えをめぐらせるのは、きわめて重要かつ興味深いテーマです。ですがその前に、まずは物質でできている〝物体〟が従う「物理法則」を考えなければなりません。すなわち、「物理のからくり」です。

ボールの運動を現象的にとらえる際に、「そのボールがどんな素粒子から構成されているのか」を考える必要はありません。内部構造を考えることなく、物体の動きをそのままとらえるのが、ここでいう物理のからくりです。

「地球が動いている」理由、説明できますか？

面白い調査結果があります。

太陽系や天体に関する話を学校で習ったり親から聞いたりしたことのない子どもに対し、太陽が毎日、必ず東から昇って西に沈んでいく現象について「地球が動いてる？　それとも太陽が動いてる？」と訊《たず》ねてみたのです。その結果、「わからない」と困惑する子も一部いたものの、「地球はじっとしていて、太陽のほうが動いてる！」と答えた子が圧倒的多数でした。無理のないことです。

天文学の基礎知識を学んだ大人は、「本当は地球のほうが動いている」ことを知っています。

でも、それがなぜなのか、元気よく「太陽のほうが動いてる！」と答える子どもに説明できますか？　それが案外難しいことは、歴史が証明しています。

夜になると、たくさんの星（自ら輝く恒星）や惑星（恒星の光を反射することでその姿が見える）が、望遠鏡を使わずとも肉眼で見ることができます。辛抱強く、1年以上にわたってそれら恒星や惑星を観察し続けると、時期によって位置が変化していることに気づきます。つまり、太陽と同じように、他の恒星や惑星も、地球に対して動いているように見えるのです。結局、すべての天体は地球に対して動いていることになり、これがかつて「天動説」とよばれた考え方です。

一方、地球を除く太陽系の他の七つの惑星＝水星、金星、火星、木星、土星、天王星、海王星は、他の星々と比較して相当に地球の近くにあるため、その動きをつぶさに観察することができます。これら七つの惑星は地球に対してだけでなく、地球から見てほとんど静止して見える遠くの星に対しても動いていることがわかります。

夜空を見上げ続けた黎明《れいめい》期の天文学者たちは、月の満ち欠けと同様、他の惑星にも満ち欠けが生じることに気づきました。特に、金星の満ち欠けはかなり昔から観測されているのですが、そのからくりの説明がきわめて難しいことがわかったのです。

説明が困難な現象がもう一つありました。火星の動き方です。火星は、ある時期が来ると必ず、順行と逆行の繰り返しが観測されるのです。つまり、地球から見る火星は、太陽のように一定方向に動いているのではなく、行ったり来たりという運動方向を逆転させる運動をしているのです。

さらには、観測の結果、太陽のほうが地球より重いことが判明しました。これも容易には説明がつきません。なにしろ、重い物体（太陽）が軽い物体（地球）の周辺を回るのはどう考えてみても不自然だからです。その逆のほうがずっと自然で、すなわち物理のからくりにかなっています。

当時の天文学者たちは、これら説明が困難な星々の運動になんとか〝意味づけ〟をしようとさまざまに考えをめぐらせましたが、いずれも〝こじつけ〟にとどまり、満足のいく説明にはなりませんでした。

ところが、です！　太陽こそが動いておらず、地球のほうがそのまわりを回っていると考えれば、すべてが美しく説明できることがわかったのです。物理法則には美しさが不可欠です。

子どもたちの直感的な答えとは反対に、「太陽はじっとしていて、地球のほうが動いている」と考える「地動説」こそが、美しさをもたらす物理のからくりなのでした。

この地動説を公式に世に最初に知らしめたのは、ポーランドのコペルニクス（１４７３～１５４３年）です。その後、イタリアのガリレオ・ガリレイ（１５６４～１６４２年）が自作した望遠鏡を使った観測結果により、地動説をゆるぎないものにしました。

ガリレオの時代は天動説を支持する声が圧倒的に強く、地動説を唱えたガリレオは異端者扱いされて宗教裁判にかけられました。有罪判決を受けたガリレオが「それでも地球は回っている」とつぶやいたという有名な逸話がありますが、どうやらこの話には信憑性《しんぴょう》がなく、のちに彼の弟子たちが創作したというのが真相のようです。

ガリレオとほぼ同時期に活躍したドイツのケプラー（１５７１～１６３０年）は、さらなる物理のからくりを見出しています。彼は、太陽系の惑星が太陽のまわりを回る軌道（公転軌道）の形が円ではなく、「楕円《だえん》」であることを突き止め、惑星運動の三つの「規則性」を発見しました。それは現在、「ケプラーの法則」として知られています。

ケプラーの第一法則――惑星の軌道の形は楕円であり、太陽の位置は楕円の中心ではなく、中心からややずれている。そのため、惑星が太陽のまわりを楕円軌道を描きながら回ると、太陽に最も近づく点（近日点）と最も遠のく点（遠日点）が現れる（図１－１）。太陽の位置は「楕円の焦点」とよばれている（焦点は二つあり、太陽はそのうち一つを占めている）。

ケプラーの第二法則――惑星が近日点に近づくとだんだん速く動き、近日点を通過する際に最も速く動く。近日点を通過した後は徐々にノロく動くようになり、遠日点に近づくとますますノロく動く。遠日点を通過する際に最もノロく動き、遠日点を通過した後はだんだん速く動くよう

図1-1

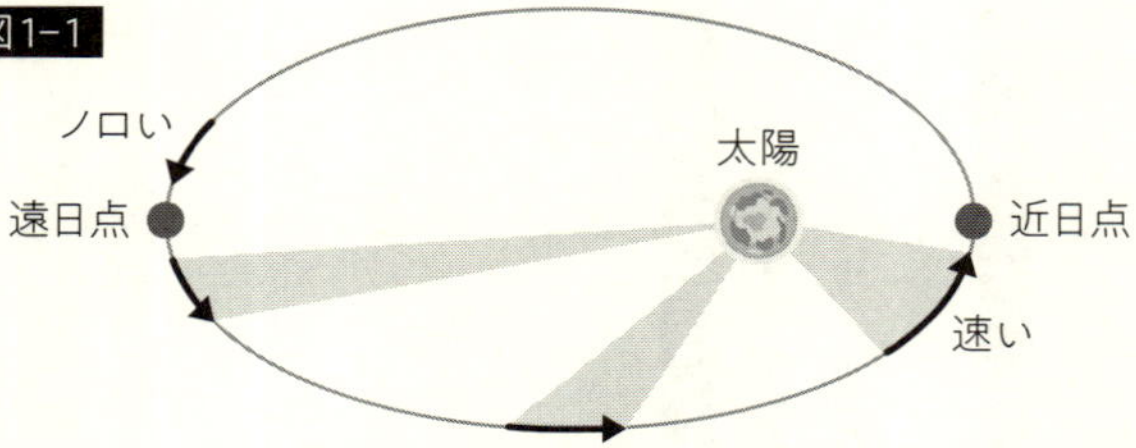

この楕円は強調したもの。実際はもっと円に近い。

になる（この惑星の運動のようすを図1－1を使って、頭の中でイメージしてみましょう）。

ケプラーの第三法則——惑星の軌道が太陽から遠のくほど、太陽のまわりを1周する時間が長くなる。つまり、太陽から遠くにある惑星ほどノロく動く。

結局、どの惑星も決して勝手気ままに太陽のまわりを回っているのではなく、ケプラーの発見した「規則性《ルール》」に従って動いているのです。しかしです。ケプラーは惑星運動の規則性を見出しましたが、なぜそのようなルールになっているのか、その説明はいっさい与えていません。そのからくりを解き明かすためには、さらなる才能の出現を待つ必要がありました。

ニュートン現る！——「運動の法則」の発見

アイザック・ニュートンは、ガリレオが没した翌1643年に生まれています。子どもの頃から数学や科学に秀でていたニュートンは1661年、ケンブリッジ大学に入学しました。大学ではよき恩師に恵まれ、デカルトやコペルニクス、ガリレオやケプラーなど、著名な学者の業績について学びましたが、そのほとんどは独学であったと伝えられています。

ニュートンは1665年、ペストが大流行して封鎖される直前の大学を卒業し、故郷のリンカーンシャーに戻りました。そして、故郷に滞在していた1年半の間に、数々の大発見をしたのです。

ニュートンの登場以前、ガリレオ・ガリレイは、静止している物体は外部からなんの邪魔立ても入らないかぎり永久に静止しており、また、一定速度で走っている物体は外部からなんの邪魔立ても入らないかぎりまったく同じ速度で一直線上を走り続ける、というアイデアを思いついていました。現在でいう「物体の慣性」を見出していたのです。

静止している物体を動かす唯一の方法——右でいう邪魔立て——は、その物体に「力を加える」ことです。力が加わったまさにその瞬間から、物体には「ある速度」が現れます。当初は静止していたその物体の速度はゼロでしたから、力が加わった瞬間に「ゼロではないある速度」が現れるということは、力を加えることによって速度が「ゼロ」から「ある速度」に増加したことになります。

速度の増加を「加速」ということはご存じでしょう。したがって、物体の速度の増加、すなわち加速は、「力の効果」によることになります。これは「力とはなにか？」という問いに答える「力の定義」でもあります。「力が加速を生み出す」のです。

ニュートンは、ガリレオのアイデアに基づくこの考えに従って、「（ニュートンの）運動の法則」を発見しました。彼は、ガリレオによる物体の慣性というアイデアを〝法則化〟し、次の三つの運動の法則を見出したのです。

❶慣性の法則（ニュートンの第一法則。詳しくはのちほど説明）。

❷「加速」とは、速度が時間的に変化することである。物体に力を加え続けると、その物体はその力の方向に加速される。「力」こそが「加速」の原因である。加速される度合い（加速度）は、その物体のもつ質量（物質の量）に依存する。物体の重さはその物体の質量に比例するために、この法則は重い物体ほど加速しにくく、軽い物体ほど加速しやすいことを物語っている。ニュートンは、「力」は「質量」と「加速度」の積で表されることを示し、これはのちに「ニュートンの第二法則」とよばれるようになった。

❸物体を押すと、その物体は同じ力で押し返す。これを「作用‐反作用の法則」という（ニュートンの第三法則。詳細は後述）。

今、この三つの法則を読んで、すぐにその内容を理解できなくてもかまいません。ここで重要なのは、「これら三つのニュートンの運動の法則が、近代科学の基礎を作り上げた」という事実を知ることです。

ポイントは、「静止している物体に力が作用して初めて、物体に『運動』という現象が現れる。加速されている物体には必ず〝何がしかの力〟が加わっている」ということです。ここに、「力学」が登場したのです。ありとあらゆる物体の運動はすべて、ニュートンの法則に従います。したがって、ニュートンの法則は「自然の法則」ということになります。

言い換えれば、ニュートンは本来、自然に備わっていた自然の法則を発見したということになります。このニュートンの法則は21世紀の現在でもなお、自動車や飛行機をはじめ、船舶やその他諸々の機械を設計するうえで欠くことのできない重要なものです。ニュートン自身はもちろん、自動車も飛行機も知るよしはありませんでした。彼が見出した物理のからくりは、それほどまでに強力だったのです。

ニュートンが発見した運動の法則はまた、その後に発展を遂《と》げていく新しい物理学の発見にもつながりました。この三つのニュートンの法則によって記述される物体の運動は、「ニュートン力学」とよばれています。今なお力強く活躍しているこのニュートン力学はしかし、原子の内部構造や素粒子の挙動に関しては無力です。それらの謎を解き明かすには、さらに一段階上の自然法則を見出す必要があったのですが、物体の運動に関するかぎり、ニュートン力学で十分なのです。その意味で、ニュートン力学は近代科学の基礎中の基礎を成しています。

「重力」の発見――何もない空間を伝わる力のふしぎ

運動の法則を確立したのと同じころ、ニュートンはもう一つ、重要な自然の法則を見出しています。惑星運動に関するケプラーの三つの法則に精緻な理論づけをし、いわゆる「万有引力」を発見したのです。

ニュートンは、自らの運動の法則における第一法則と第二法則を地球のまわりを回る月の運動に当てはめてみました。第一法則は、いかなる物体もいったん動き出すと最初の速度と最初の運動方向を永久に保とうとする「欲望」をもっており、この欲望のことをその物体のもつ「慣性」とよぶというものです。この欲望の度合いがすなわち、その物体のもつ「質量」（m）です。

荷物を満載した大型トラックの質量は大きく、二人乗りの軽自動車の質量は小さい。物体の質量は「物質の量」です。質量の大きな物体ほど同じ運動を永久に保とうとする欲望が強いために、速度の変化や運動方向の変化を強く嫌います。言い換えれば、そのような変化に強く逆らうのです。質量の大きな大型トラックは、ブレーキをかけても速度を減らすことに逆らうために容易には減速できず、すぐには止まれません。徐々に減速して、やがて停止します。ゼロ秒間に一挙にストップすることは絶対にありえません。必ず、ある時間を要します。

一方、二人乗りの軽自動車は同じ運動を永久に保とうとする欲望（＝質量）が小さいために、加速や減速に対して強い抵抗を示しません。大型トラックに比べて簡単に停止できるのはこのためです。

摩擦を含め、外部からなんらかの邪魔立て（すなわち力）が加わらないかぎり、その物体は初めの速度と運動方向を変えることは絶対にありません。運動の方向をまったく変えないということは、「直線上の運動」ということになります。速度と運動方向の両方をまったく変えない運動を、「等速直線運動」とよびます。あらゆる物体が最も好む運動は、この等速直線運動です。

等速直線運動している物体の速度を変えたり、運動方向を変えたりするためには、その物体になんらかの「力」を加えなければなりません。そうです、等速直線運動を変える唯一の方法は、その物体に力を加えることなのです。本書の重要な登場人物である「光速度 c」もまた、ある力の存在なくして運動の方向を変えることはありません。その話はまたあとで……。

さて、月が地球のまわりを回っている事実は、月の運動が直線運動ではないことを示しています。月が地球の周囲を円運動するためには、その運動方向がつねに曲げられていなければなりません。月の運動方向が連続的に曲げ続けられているということは、たえず運動方向と直角の方向に加わっている〝なんらかの力〟の存在を示唆しています。力が加わらないかぎり、月は等速直線運動をし続けるはずだからです。

ではいったい、誰がこの力を与えているのでしょう？

地球と月が、空間を通して互いに力を与え合い続けているのです。地球と月は、何もないはずの宇宙空間を通して互いに引っぱり合っているのです。この事実に気づいたことこそが、ニュートンのひらめきでした。すなわち、月になんらかの力をたえず与え続けているのは、地球だったのです。

ニュートンはまた、地球と月の引っぱり合いの力の源が、それぞれがもつ質量であることを突き止めました。質量の単位はキログラム（kg）、もしくはグラム（g）です。

地球の質量は、５９７００００００００００００００００００００００kgで、月の質量は７３５０００００００００００００００００００００kg。すなわち、月の質量は地球のそれのほぼ81分の１です。月からみた場合の地球のこの巨大な質量が、月が地球に向かって引っぱられる巨大な力を生むのです。

このように、質量が原因で発生する力のことを「重力」といいます。重力は、何もない空間を伝わるのです！　何もない空間を伝わるなんて実にふしぎですが、私たちは自分の体重や物体の重さから、「地球重力」をそれこそ〝肌で〟感じとることができます。

図１－２に描かれている太陽系を見てください。太陽だけで、全太陽系の質量の99・９％を占めています。太陽がいかに大きく、その質量が巨大であるかが想像できるでしょう。

したがって、太陽が醸し出す重力もまた、相当に大きなものであることがわかります。そのた

図1-2

め、系内のすべての惑星は太陽の強い重力によって直線運動することができず、たえず太陽に向かって引っぱられることになります。そう、重力は引力なのです。その結果、太陽の方向に運動方向が曲げられ、円運動することになるのです（実際は楕円運動。図１－１参照）。

地球を含む八つの惑星はすべて、各惑星と太陽の間に発生している重力によって、つねに太陽方向に引っぱられるのですが、一つの惑星が太陽に引っぱられる重力の強さは、次の二つの量に依存します。

❶その惑星の質量（m）と太陽の質量（M）との積（mM）

❷その惑星と太陽との間の距離

惑星の質量が大きいほど、その惑星と太陽との間に発生する重力は強くなり、また、惑星と太陽との間の距離が大きくなればなるほど重力は弱まっていきます。その逆もまたしかりで、すなわち、惑星の質量が小さいとその惑星と太陽との間に発生する重力は弱くなり、両者間の距離が小さい（互いに近づく）と重力は強くなります。

大切なポイントは、重力は必ず、二つの物体の質量の積（mM）に比例するということです。したがって、どちらの物体の質量が増えても、重力は強くなります。ここでは、一方が太陽に固定されているために、変化するのは惑星の質量（m）だけですが、一般にはmとMのどちらに変化が生じても重力は変化します。たとえば地球とアリのように、極端に質量差がある場合でも、それは同じです。あるアリAの質量に対して、別のアリBの質量がわずかでも大きければ、地球とアリが引き合う重力は増加するのです。

重力は、相手があって初めて発生する力であり、すなわち〝相互作用〟です。太陽系の個々の惑星は、つねに太陽と重力を通して相互作用しているのです。

万有引力はなぜ、〝万有〟なのか？

太陽系に属する八つの惑星が系外に逃げ出してしまわない理由は、個々の惑星が重力と命名された力によって、空間を通して太陽に引きつけられているからです。重力の源は、各惑星と太陽がそれぞれにもつ質量です。個々の惑星と太陽が、互いに重力を介して引っぱり合っているのです。

これと同様、地球上に存在するすべての物体は質量をもっています。そこで今、1個のテニスボールと1個の野球ボールを、ある距離を隔てて完全に水平な机の上に置いた状態を考えてみます（図1－3）。野球ボールのほうがテニスボールよりやや大きく、また重いものとします（す

図1-3

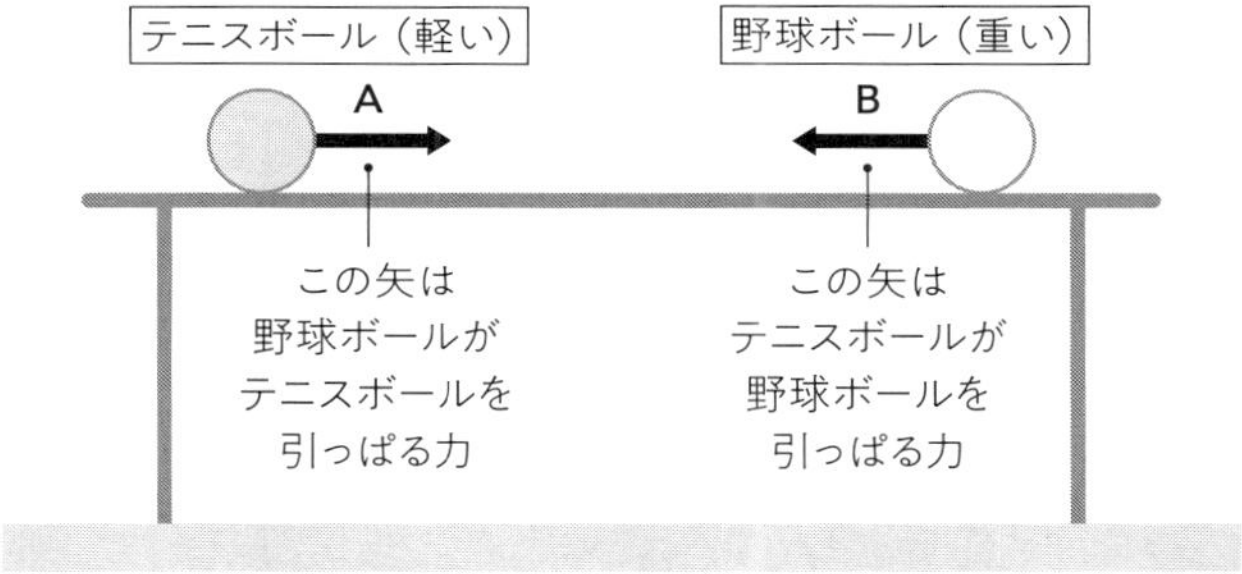

矢は力の方向を示し、矢の長さは重力の強さを表す。

なわち、野球ボールの質量はテニスボールのそれより大きい）。

　どちらのボールも質量をもっている以上、そして、質量こそが重力の源である以上、この二つのボールの間には、太陽と惑星同様に、空間を通して重力が働きます。ここで大いに注意すべきは、二つのボールの質量だけによる重力の方向は横方向（水平方向）であることです（地球重力は考慮に入れないことにします）。

　図1―3でAと記された矢は、野球ボールがテニスボールに及ぼす重力です。つまり、矢Aは野球ボールがテニスボールを空間を通して引っぱる力を表しています。Bと記された矢は、テニスボールが野球ボールを空間を通して引っぱる力を表します。テニスボールも野球ボールも、互いに重力という力で引っぱり合っています。それも、何もない空間を通して。

　重力が力である以上、手にもった二つのボールを机の上でそっと放すと、「その力の効果」のために両ボールは互いに相手の方向に向かって動き出し、時間が経つにつれて加速されていきます。その運動の速度は互いの距離が短くなるほど速くなっていき、ついには衝突します。「力の効果＝加速」であることをお忘れなく。

しかし、容易に想像がつくように、実際に二つのボールをそっと放してみても、このような現象は決して起こりません。二つのボールは、机の上で静止したままです。なぜでしょうか？

それは、ボールと机の表面との間に発生する「摩擦」が運動を妨げるためです。摩擦力も横方向の力で、重力に逆らう方向（重力と反対方向）に作用します。力の方向が互いに反対であるために、重力と摩擦力が等しい場合には、二つの力が相殺しあって正味の力はゼロとなり、ボールは動きません。二つのボールの間の重力が摩擦力を上回った場合には、ボールは確かに動き出し、加速されますが、両ボールのもつ質量があまりにも小さすぎるために、とても摩擦力に打ち勝つことはできません。野球やテニスのボール程度の物体がもつ質量では、摩擦に打ち勝つ重力を生み出すことは不可能なのです。

では、質量5万kgの物体と質量10万kgの物体を水平で固い床の上に置いて、その間に働く重力の観測を試みたとしたらどうでしょう？　これほど重い物体間に働く重力でも、床との間に生じる摩擦のためにやはり両者は静止したままでいます。摩擦力は物体の重さに比例し、重いほど強くなるからです。

ならば、５万kgの物体と10万kgの物体を強靱《きょうじん》な金属線を使って、これまた強靱な天井からつり下げてみたらどうでしょう？（実現不可能ですって？　そのとおりです。このように頭の中だけで考える実験を「思考実験」といいます）

こんどは、どちらの物体も床に接触していないので摩擦は生じません。それでも、二つの物体の間に働く重力は観測できないのです。その理由は、重力があまりにも弱すぎるから。

そこで、二つのボールのうちの一つを、ものすごく巨大な質量をもつ物体に替えてみましょう。ものすごく巨大な質量？　たとえば？　そうです、地球です。地球の質量は、すでに紹介したように５９７００００００００００００００００００００００kgもあります。

一方の物体は野球ボールとし、もう一方の物体を地球にしてみるのです。こうすれば、重力効果は簡単に観測できます。野球のボールは、ある高さから特に力を加えることなく、そっと手放しただけで落下します。人為的になんの力を与えなくても、独りでに動き出すのです。〝見えない重力〟が空間を通して野球ボールに作用するからです。以下、空気がないものとして議論を進めていきます。

ここでいう重力効果とは、重力と命名された力が物体を加速させることを指しています。繰り返しますが、「力の効果＝加速」です。

図１－４をご覧ください。地球と野球ボールだけを考え、他の要素はいっさい無視します。野

図1-4 野球のボールと地球

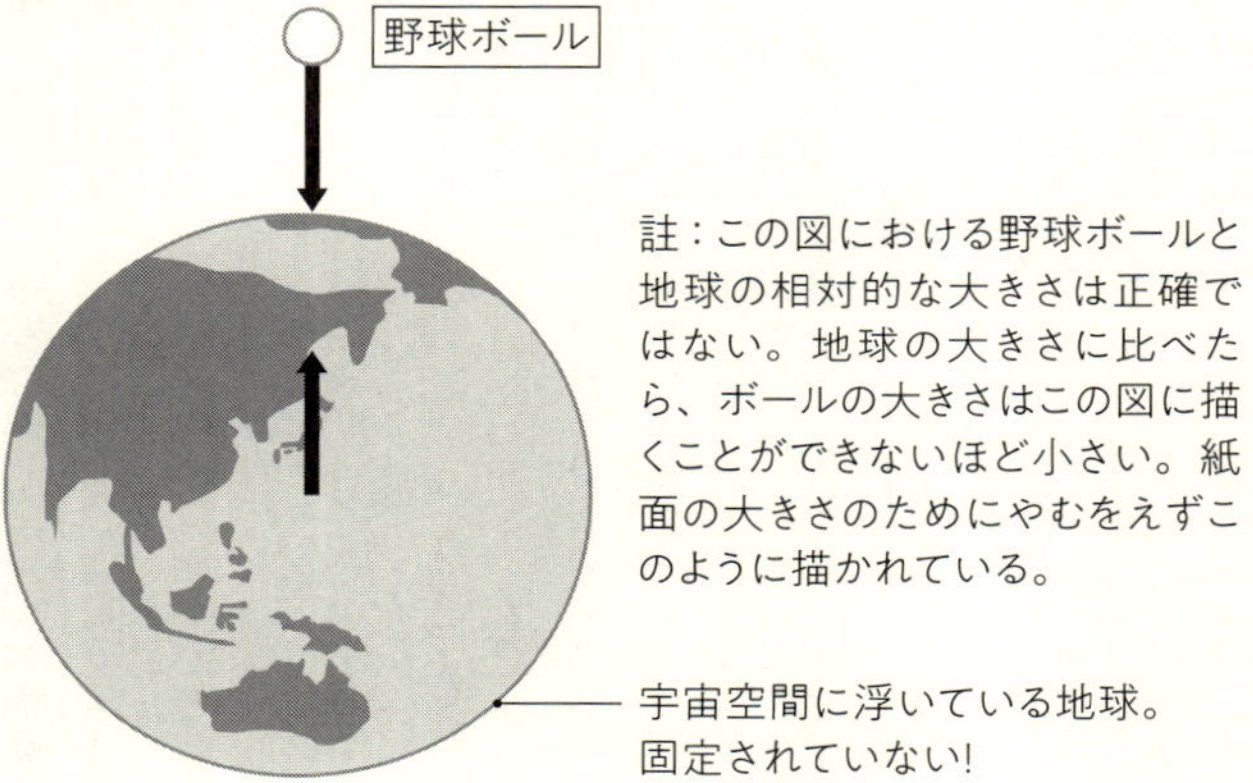

註：この図における野球ボールと地球の相対的な大きさは正確ではない。地球の大きさに比べたら、ボールの大きさはこの図に描くことができないほど小さい。紙面の大きさのためにやむをえずこのように描かれている。

球ボールも地球も、それぞれに質量をもっており、重力を通して（空間を通して）互いに引っぱり合います。地球は野球ボールを引っぱりますが、同時に、野球ボールはそれとまったく同じ力で地球を引っぱります。野球ボールは地球に向かって加速され、落下運動をします。野球ボールはまったく同じ力で地球を自身に向かって引っぱっていますが、地球は動きません。力（重力）が働いているのにもかかわらず、地球は微動だにしないのです。なぜでしょう？

地球のもつ巨大な「慣性」のためです。慣性とは、同じ運動状態（同じ速度、同じ運動方向）を永久に保ちたい（あるいは変化したくない！）という「欲望」のことです。この欲望の度合いは質量が大きいほど強く、前述のような膨大な質量をもつ地球は、運動の変化を極端に嫌います。したがって、ボールから重力を受けても、地球の状態は事実上もとのままです。運動の変化が生ずるのは、慣性(質量)の小さい野球ボールの側ということになります。

力(ここでは重力)は物体を加速させるので、地球に引っぱられたボールは、加速されながら地球に近づいていきます。これが、野球ボールの落下運動となるのです。図１－４には二つの矢が描かれていますが、野球ボールから伸びる下向きの矢は、地球が野球ボールを引っぱる重力を表しています。矢の長さは重力の強さを表し、矢が長いほど力が強いことを意味します。

一方、地球の中心から上向きに描かれている矢は、野球ボールが地球を引っぱり上げる重力を表します。しかし、地球の質量があまりにも大きいために、地球は野球ボールによって引っぱられているにもかかわらず動くことはありません。

これら二つの矢の長さはまったく同じです(同じ力の強さ)。違うのは矢の方向です。つまり、二つの物体の質量がまったく異なっていても、両者は互いに、ま、っ、た、く同じ強さの重力を相手から受けるのです！　どちらか一方を「作用力」とよび、他方を「反作用力」とよびます。

☑「作用力」＝「反作用力」(力の強さの大小に関係なく成立する)

これは「作用－反作用の法則」とよばれ、やはりニュートンが発見したものです(ニュートンの第三法則)。重力の強さは、個々の物体の有する質量に依存します。二つの物体のうち一方の物体の質量がきわめて小さく（1kg）、もう一方の物体の質量が桁外れに大きい（100兆kg）、といった場合でも、両者はまったく同じ強さの重力を互いに与え合うのです。ポイントは、重力が二つの物体の質量の積mMに比例することです（27ページ参照）。どちらの物体にとってもmMの値はまったく同じであるため、両者ともにまったく同じ重力を相手から受けるのです。

間隔距離を一定に保つという条件の下に、片方の物体の質量だけが増加し、もう片方の質量は同じ値のままだとすると、両者に働く重力は強くなりますが、どちらの重力（引力）もまったく同じだけ強くなるのです。これが、作用‐反作用の法則の意味するところです。

28ページで、極端に質量差のある地球とアリの例を取り上げました。この両者もまた、作用‐反作用の法則によって、互いにまったく同じ強さの重力を及ぼし合っているのです。アリと地球が同じ強さで引っぱるなんて信じられない？　確かに、にわかには信じがたい話ですが、まぎれもなく物理的な事実なのです。作用‐反作用の法則の要点をぜひとも理解してください。

ニュートンは、物体のもつ質量こそが重力を生み出す源であることを発見しましたが、人体を含むすべての物体は質量をもっています。質量が小さすぎて観測されないということがあっても、二つの物体は必ず空間を通して互いに引っぱり合っているのです。重力に関するかぎり、物体の種類は問題ではなく、「質量＝物質の量、そして重さ」だけが問題なのです。

人間であれ動物であれ、椅子であれテレビであれ、二つの物体の間には必ず重力が空間を隔てて作用します。すなわち、「万物が有する力」であるために、重力は「万有引力」とよばれるのです。重力は二つの物体のもつ質量の積に比例し、両物体間の距離の2乗に反比例します。これが、ニュートンが弱冠22歳のときに発見した「ニュートンの万有引力の法則（Newton's Law of Universal Gravitation）」とよばれるものです。

太陽系はもちろん、あらゆる天体の運行や銀河の運動なども、すべて「ニュートンの万有引力の法則」に支配されています。加速の原因は「力」でした。力が消えないかぎり、加速は永遠に続きます。したがって重力も、「力」である以上、物体を加速させます。

突如としてこの世から消えてしまわないかぎり、地球の質量によってもたらされた重力は決して消えることはありません。地球重力による加速は、これを受ける物体が地面（地球表面）に達するまで続きます。加速ですから、物体の速度は落下するにつれてどんどん速くなります。

ただし、加速が生じるのは、空気のない状況に限ります。現実には、落下する物体は上向きの空気抵抗を受けるため（抵抗もまた、力の一種です）、下向きの重力とこの空気抵抗とで正味の力はゼロとなります。落下直後こそ加速されるものの、すぐに空気抵抗が現れて物体の下向きの速度は一定となり、加速されなくなります。上空から降下するスカイダイバーが、パラシュートを開かなくても一定速度で下降できるのはこのためです。同様の理由で、雨粒もまた、一定速度で落下します。

「質量」と「重さ」の違い

先ほど、「重力に関するかぎり、『質量＝物質の量、そして重さ』だけが問題だ」といいました。みなさん、「質量」と「重さ」の違い、わかりますか？

本書のメインテーマである$E=mc^2$のmは、いわずとしれた「質量」です。エネルギー（E）と質量が等価であるというこの式の意味するところをしっかり理解するためにも、まずは質量についてきちんと把握することにしましょう。

図1－4をもう一度見てください。野球ボールにはたえず、地球の質量による重力が地球方向（下向きの矢印）に作用しています。この場合、この重力が野球ボールの「重さ」となるのです。つまり、「重さ」は重力という特別な力（force）であって、「質量」とは根本的に異なります。質量自身は力ではありません。地球が、重力によって野球ボールを自身に向かって引っぱる力が野球ボールの「重さ」なのです。質量は力ではありませんが、「重さ」と「重力」は力です。

ただし、地上における物体の「重さ」は、その「質量」に比例します。質量が多いほど重くなります。この野球ボールを、月の表面に置いたらどうなるでしょうか？（図1－5）

質量は「物質の量」ですから、たとえ月にもっていっても野球ボールの質量はまったく変わりません。ところが、この同じ野球ボールの「月面での重さ」は激変します。なぜでしょうか？

図1-5

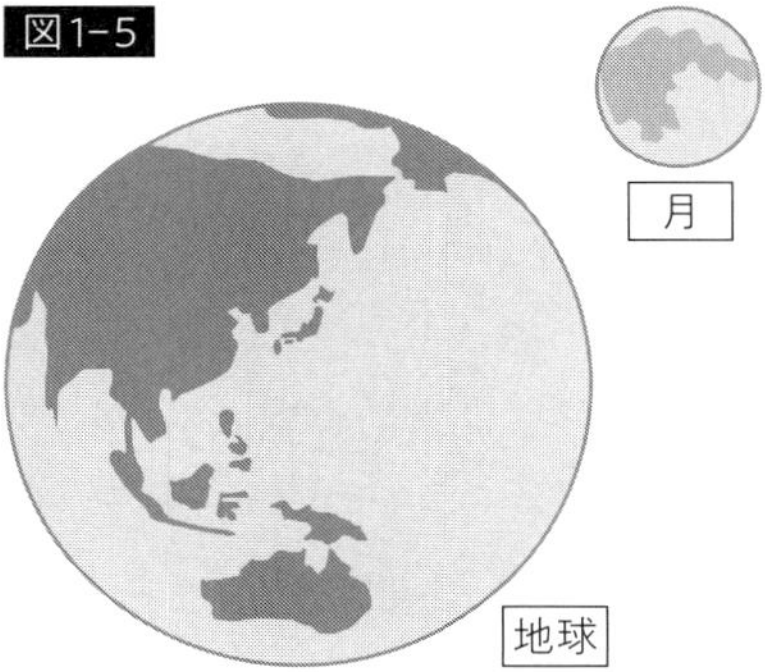

人が月に行けば、質量は同じでも体重は6分の1に減少する（本文参照）。
この図では、地球と月との間の距離が正確に表されていない。現実の地球と月との距離は38万km！　月が小さく見えるのは遠くにあるからではなく、実際の大きさの違いである！

質量こそが、〝重力の生みの親〟であることを忘れないでください。月の大きさ（直径）は地球の約4分の1で、質量は地球の約81分の1という小さな天体です。この月の表面に置いた野球ボールと月との間に働く重力は、月の質量が小さいために、地球の質量が同じ野球ボールに及ぼす重力の6分の1に減少します。

野球ボールの「質量（物質の量）」は、当然ながら地球上でも月面でもまったく同じです。しかし、その「重さ」は、地球上と月面とではまったく異なるのです。その原因は、地球と月との質量の違い、すなわち、両者が生み出す重力の違いです。この同じ野球ボールを、たとえば火星などの他の惑星にもっていってその重さを量れば、やはり「その惑星における重さ」は異なることになります。

野球ボールといわず、人体を含むあらゆる物体をどの惑星にもっていっても、質量に変化はありませんが、その惑星がその物体に及ぼす重力、すなわち物体の「重さ」は変わります。物体が人間であれば、その人の質量は変わりませんが体重は変わるのです。

そして、同じ惑星上であれば、物体の重さはその物体の質量に比例します。たとえば地球上で、ある物体の質量が倍になれば、重さも倍になるということです。私たちの体重（＝物体としての重さ）が増減するのは、私たちの質量が増減することそのものです。

2種類の質量⁉

ところで、質量には2種類あります。①慣性質量と、②重力質量です。

前者は、すでに登場した「慣性」と文字どおり大きく関係しています。外部からいっさいの邪魔立て（摩擦も含むなんらかの力）が加わらないかぎり、あらゆる物体は最初に与えられた「等速直線運動」を続けます。この「等速直線運動」を永久に保ちたいという〝欲望〟を慣性とよぶのでした。その慣性を、量的に表したものを「慣性質量」といいます。

慣性質量の大きな物体は、速度や運動方向を簡単に変えることを嫌います。大型ダンプカーが停止したりカーブを曲がったりするのが大変なのは、慣性質量が大きいからです。慣性質量の小さい小型車では、これと逆のことが起きます。

速度変化は「加速」と同じです。つまり、物体のもつ慣性質量は、「加速のしやすさ／しにくさ」を表すのです。すべての物体は慣性質量をもっています。

では、重力質量とはなんでしょうか？

前述のように、ある距離を隔てて置かれている二つの物体間には、必ず重力が作用します。重力は引力ですから、両物体は加速されながら互いに近づいていきます。この、重力と称される〝力〟は、物体のもつ質量から生み出されるものです。重力の源となる質量が「重力質量」です。

先に登場したニュートンの万有引力の法則をより正確に記せば、「重力は二つの物体のもつ重力質量の積に比例し、両物体間の距離の２乗に反比例」します。すべての物体はその種類に関係なく重力質量をもっているために、重力が「万有」となるのです。

結局、すべての物体は、慣性質量と重力質量を同時にもっていることになります。しかしです。一つの物体に対して、慣性質量と重力質量が同じでなければならない理由はありません。ところがニュートンは、この両者がまったく同じであることを見出しました。一つの物体のもつ質量は「慣性質量」にもなりうるし、また「重力質量」にもなりうるということに——。

ニュートンはなぜ、この事実に気づいたのでしょうか？

ヒントは、ガリレオのアイデアにありました。あの有名な、ピサの斜塔における落下運動に関する実験です。

塔の上から二つの重さ（質量）の異なる物体を同時に手放したら、どちらが先に地面にぶつかるかというものです。ふつうに考えれば、重い物体のほうが速く落下して、先に地面に到着するような気がします。ところが実際には、重かろうが軽かろうが、同じ高さから同時に手放された二つの物体は、まったく同時に地面に到達します。ただし、厳密には空気抵抗のない場合だけに成り立つ現象です。

このことは、あらゆる物体はその質量に関係なく、まったく同じ「加速度」で落下することを意味しています。加速度とは、毎秒あたりに増加する速度のことです。

同じ高さから同時に手放された二つの物体を、落下後1秒ごとに写真を撮る状況を考えてみましょう（図1-6）。写真を撮る時間間隔はすべて同じ1秒ですが、各1秒間に落下する距離は同じではなく、1秒ごとに増加していきます。これは、落下速度が増加していることを意味します。ところが、重さの異なる物体Aも物体Bも、1秒ごとに増加する速度がまったく同じであるために、両物体は図のように平行を保ちながら落下していきます（各時刻における速度の矢の長さは両者ともまったく同じ！）。

ここでは、「慣性質量」だけを考えて議論を進めます。より重い物体Bは、物体Aより多くの慣性質量をもっています。慣性質量が大きいということは、速度変化を強く嫌うということです。速度変化とは、すなわち加速です。慣性質量は、加速に対する抵抗度であるともいえます。したがって、慣性質量の大きい物体Bは落下中に加速されにくく、さほど速度が増加しません。

図1-6 ガリレオのピサの斜塔での実験（信憑性は別として）

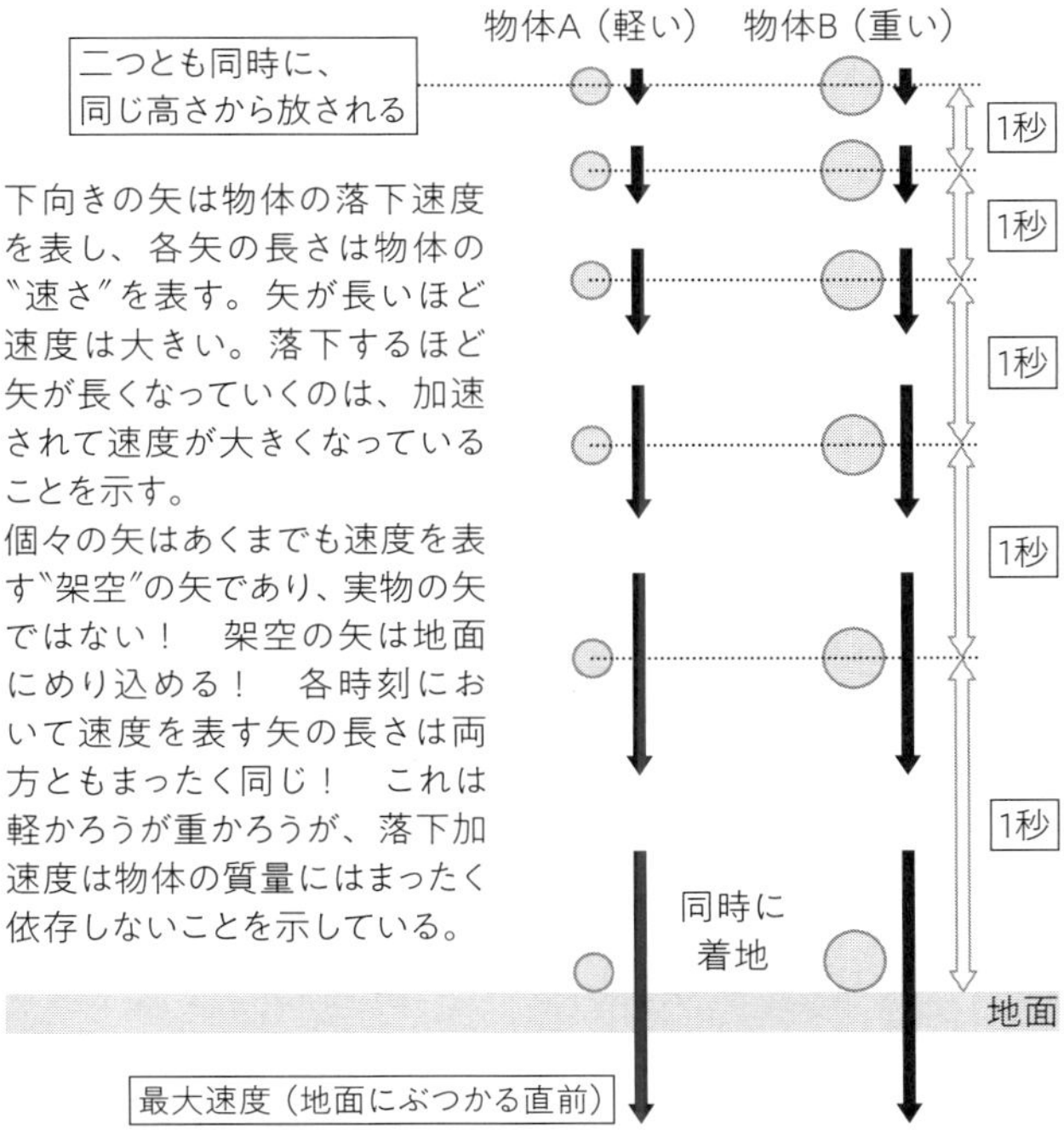

二つの重さ（質量）の違う物体を同じレベル（同じ高さ）から同時に放した後の落下運動。矢の長さはどちらもまったく同じ！　二つの物体はつねに同じレベルを保ちながら落下する。

物体Ｂの加速の度合い（加速度）は小さいのです。

一方、質量の小さい物体Ａは、「同じ速度を永久に保ちたい」という欲望（慣性）が小さいため、速度変化をさほど嫌うことはありません。すなわち、より加速されやすい物体Ａの速度の増え方は、物体Ｂよりも大きくなります。

以上の議論から、物体Ａのほうが物体Ｂより速く落下し、先に地面に到着することになります（通常の感覚からのイメージとは逆であることに注意！）。ところが実際には、図１－６に見られるように、両者はまったく同時に地面に到着します。いったいどうなっているのでしょうか？同じ高さから同時に手放された質量の異なる物体どうしが、同時に地面に到着するためには、両物体がまったく同じように加速されなければなりません。したがって、加速度の小さい、あるいは加速されるのを嫌がる質量の大きな物体Ｂは、物体Ａに比べより大きく加速される必要があります。

加速を大きくする唯一の方法は、より強い力を加え続けることです。物体Ａと物体Ｂがまったく同じ落下加速度を得るためには、加速度の小さい物体Ｂに、より大きな力を与えなければなりません（ニュートンの第二法則）。現実に物体Ａと物体Ｂがまったく同じ加速度を受けているということは、質量の大きな物体Ｂにはより多くの「重力」が加わっていなければならないことになるのです。物体に作用する重力はその物体の「重さ」ですから、物体Ｂは物体Ａより重いということになります。

以上の考察からニュートンは、地上におけるすべての物体がまったく同じ加速度で落下するためには、各物体のもつ「慣性質量」と「重力質量」がまったく同じでなければならないという結論を得たのです。すなわち、たとえば質量10kgの物体を考える場合、この10kgは重力質量を表すのと同時に、慣性質量も表します（誤解のないように断っておきますが、ここでいっているのは、物体のもつ質量は慣性質量にも重力質量にもなりうるということであり、二つの質量を同時にもつという意味ではありません）。

「慣性質量＝重力質量」とするこの考え方は、アインシュタインが登場する20世紀になって、革命的な重力理論をもたらすことになります。

ニュートンが解き明かせなかったからくり――遠隔作用という悪夢

さて、重力の発見という偉業を成し遂げたニュートンでしたが、実はまさにこの重力に関して、完全に誤った結論を下しています。

ニュートンは、一つの物体がもう一つの物体に重力を及ぼす際、その力は一瞬のうちに伝わると考えたのです。彼はこれを「遠隔作用」とよびました。

地球と太陽を例に考えてみましょう。両者間の距離は1億5000万㎞です。ニュートンによれば、地球も太陽も重力質量をもっているために、重力はこの1億5000万㎞の距離をまったく時間をかけずに一瞬のうちに伝わります。これは、重力が空間を伝わる速さが無限大であることを意味しています。

現在では、このニュートンの考え方は完全に間違いであることが実証されています。重力が実際に真空空間を伝わる速さは有限で、それは光の速度（光速度）です。光速度は秒速30万㎞で、これを「c」で表します。ここに、本書の重要な主人公の一人である「c」が登場しました。

さて、光速度cの値にご注目ください。秒速30万㎞です。いいですか、秒速ですよ！　重力が1億5000万㎞の太陽‐地球間を光速度で横切るには、約8分かかります。太陽から出た光が地球に届くのに、約8分かかるのです。アインシュタインの相対性理論によれば速度には上限があり、それがまさに光速度cです。光より速い速度は、この宇宙に存在しません。

なぜかって？　のちの章で詳しく説明しますので楽しみにお待ちください。

速度の上限（すなわち光速度）が存在することから、ニュートンが考えた「重力は一瞬で空間を伝わる」とする遠隔作用は間違っていたことになります。これについても、章をあらためて再度、議論します。

興味深いことに、幾多の物理におけるからくりを解き明かした偉大なるニュートンが、実は電気や磁力に関してはほとんどなんの貢献もしていません。その理由もまた、遠隔作用で犯した間違いと共通しています。

ずっとのちになってわかったことですが、ニュートン力学における最大の欠落は「光速度（c）」をまったく考慮に入れていなかったことでした。ただし、それは決して失敗ではなく、光の速度よりはるかに遅い速度で動く物体を扱うには十分だったのです。一方、それが何の速度であっても、光速度（秒速30万㎞）に近いような値を扱う場合には、ニュートン力学はとたんに成り立たなくなってしまうことが判明したのです。

そして、ニュートンの時代よりあとになって発展した、あらゆる電気・磁気現象を説明する理論には、光速度が入っています。アインシュタインは、彼の理論構築にとって不可欠のキーワードとなった光速度cを含む電気と磁気の理論からヒントを得て、「特殊相対性理論」のアイデアを芽生えさせたのです。第５章で詳しく紹介するように、特殊相対性理論には必ず「光速度（c）」が含まれています。

＊

本章では、$E=mc^2$のm（質量）とc（光速度）が登場しました。

続く第２章では、残るEが登場します。「エネルギーなくして、この宇宙はあらず」というわけで、E、すなわちエネルギーについてお話しします。

第2章

エネルギーのからくり

——物体に「変化」を生み出す源

エネルギー——この掴みどころのないもの

「みなさん、私は今、右手に〝エネルギー〟を握っています。見えますか？」

文系の学生に初めてエネルギーを紹介する際には、いつもこのように話を始めます。エネルギーはすぐれて抽象的、概念的な存在であり、触れることも見ることもできません。「エネルギーとはなにか」という質問に答えるのはきわめて難しいのですが、この概念を使わずして「物理学（宇宙物理学を含む）」はもちろんのこと、「化学」「工学」「生物学」、その他いっさいの自然科学を学問的に説明するのはとうてい不可能です。

物理学の教科書はエネルギーを〝量的〟に定義し、「エネルギーは物体に仕事を与える量である」こと、そして「仕事は力と距離の積で定義される」ことを説明します。しかし、これではなんのことだかさっぱりわかりません！　どなたかわかりますか？

エネルギーは「何か」をする。その「何か」とはなにか？——たとえば、当初は静止していた物体にエネルギーを与えると、その物体は動き出します。すでに動いている物体にエネルギーを与えると、その運動の速度が変化します。あるいは、ある物体にエネルギーを与えると、その内部で化学反応が〝誘発〟され、物体の色が変わります。さらには、エネルギーを与えられた物体の温度は上がり、熱くなります（温度変化もまた、物理的変化です）。

また、私たち人間をはじめとするあらゆる生物は、日々の暮らしのなかでエネルギーを消耗しています。したがって、なんらかのエネルギー源から、たえずエネルギーを補給する必要があります。これは、すぐあとで説明する「エネルギー保存の法則」にかなっています。

一般的には、エネルギーとは「物体に物理的、または化学的な変化（あるいはその両方）を引き起こす源となるもの」を指します。エネルギーにはさまざまな形態があり、熱エネルギー、化学エネルギー、電磁気エネルギー（光のエネルギーも含む）、動力エネルギー、核エネルギー（原子力エネルギー）……エトセトラ、エトセトラ。

これら各形態は、他の形態に移り変わることができます。たとえば自動車が走る際には、まずガソリンに蓄えられている化学エネルギーを化学反応を通して熱エネルギーに変えます。この熱エネルギーは、エンジンを経由することで車軸を動かす動力エネルギーに変わります。この、エネルギーの三つの形態変化のサイクルを繰り返すことで、自動車が走るわけです。

その他、火力発電では「化学エネルギー→熱エネルギー→電気エネルギー」という過程が起こり、原子力発電においては「核エネルギー→熱エネルギー→電気エネルギー」の順に形態を変えていきます。家庭や学校、オフィスなどの照明器具では、電気エネルギーが光のエネルギーに変換されています。太陽光発電はこれと反対のプロセスで、光のエネルギーを電気エネルギーに変えるのです。

さて、本書のメインテーマである$E=mc^2$は、定数である光速度c（秒速30万㎞）を介して、エネルギー（E）と質量（m）が等価であることを示しています。ということは、エネルギーは質量にもその形態を変えうるのでしょうか……？　その話は、またのちほど。

エネルギーはどこから来たのか

さて、さまざまな自然法則を見出し、物理のからくりに精通してきた私たち人類にも、とうてい成しえないことがあります。それは、いかなる形態のエネルギーをも創り出すことができないということです。すなわち、エネルギーは決して「無」からは生じないのです。

私たちにできるのは、この宇宙にすでに存在しているエネルギー源を探し出し、利用することだけです。石油に蓄えられている化学エネルギーを見出す。太陽エネルギーを活用できるソーラーパネルを生み出す。原子核の中に蓄えられている核エネルギーは、人類が登場するはるか以前から存在していたものです。

新たに創り出すことは不可能なエネルギーですが、一方で、勝手に消滅するということも起こりません。消滅することなく、異なったエネルギー形態に変化するのです。

先の自動車の例でいえば、ガソリンから出る化学エネルギーは燃焼によって熱エネルギーに変わり、さらに動力エネルギーへと変化しますが、ガソリンに蓄えられていた化学エネルギーの100％が動力エネルギーに変換されることは決してありません。いわゆる燃費の問題で、ガソリンの化学エネルギーの半分以上は、エンジンや車体を温める熱として消費されたり、あるいは排気ガスとして外部に出ていく熱になってしまうからです。

しかし、動力に使われたエネルギー、エンジンや車体を温めるのに使われたエネルギー、排気ガスとして排出された熱エネルギーをすべて足し合わせると、ガソリンに蓄えられていた当初のエネルギーに等しくなります。消滅したエネルギーなど、一つもないのです！

なぜそうなのか？　誰にもわかりません。この宇宙が、そのようにできているのです！

ここに、「エネルギー保存の法則」が登場します。

エネルギー保存の法則

エネルギー保存の法則は、次の二箇条からなっています。

❶エネルギーは「無」からは発生しない。

❷エネルギーは消滅しない。

「無」から発生したり、あるいは消滅したりすることがないということは、言い換えれば、「なんらかの方法で与えられたエネルギーの総量は、時間的に変化することはない」ことを意味しています。したがって、全エネルギー量を一定に保つために、どこかでエネルギーが減少したら、他のどこかでエネルギーが増加しなければならないことになります。

しかし、ちょっと考えてみるとこれは実にふしぎです。人間でも自動車でも発電所でも、活動あるいは稼動しているかぎり、エネルギーは必ず消耗されます。エネルギー保存の法則と矛盾してはいないでしょうか?

たとえばジョギングすると、体内に蓄えられていた化学エネルギーが消耗されていきます。だんだん疲れてくるし、お腹がすいていくのがその証拠です。消耗されたエネルギーはどこへ消えたのか? ジョギングの運動エネルギーへと変換されているのです。自動車も同様です。

この意味で、エネルギーには〝消耗〟という言葉を使うのは妥当ではなさそうです(あるいは、エネルギーは消耗されても消滅しない?)。

なお、エネルギー保存の法則を発見したのはイギリスのジュール(1818~1889年)です。彼にちなんで、エネルギーの単位はジュールと定められています。

力学的エネルギー——エネルギーの基本形態

エネルギーの最も基本的な形態である「力学的エネルギー」について、詳しく見ていきましょう。力学的エネルギーには、次の2種類があります。

❶運動エネルギー

❷ポテンシャルエネルギー

ある粒子（あるいは物体）の「❶運動エネルギー」は、文字どおり「粒子の運動」を表すエネルギーのことで、その粒子の速度に依存し、速度が大きいほど大きくなります。ニュートン力学においては、質量 m kgの物体が速度 v m／sで走っているとき、その物体のもつ運動エネルギーは $\frac{1}{2}mv^2$ で表され、質量と速度に依存します。

速度の2乗（v^2）に比例するということは、物体の速度が2倍になればその運動エネルギーは4倍になり、速度が3倍になれば運動エネルギーは9倍になることを意味しています。走っている粒子の運動エネルギーがその速度の2乗に比例するわけですから、静止している粒子（$v=0$）の運動エネルギーは当然にしてゼロです。

また、運動エネルギーは粒子（物体）の質量（m）にも依存しますから、同じスピードなら、質量が大きいほど運動エネルギーもまた大きくなります。

運動エネルギーの物理的な意味を説明するのは決して簡単ではありませんが、内部構造をもつ二つの物体を例に考えてみましょう。物騒な喩《たと》えで恐縮ですが、ともに高速で走っている2台の

図2-1

内部構造をもつ物体の衝突には、“ダメージ”が伴う。

自動車を考えます。いずれも速度と質量に応じた運動エネルギーをもつ両車が、正面衝突します（図2－1）。

衝突後、短い時間を経て、車は停止してしまいます。両車ともに破壊され、その構造に変化が起こります。つまり、「ダメージ」を受けます。どのくらいのダメージを受けるのかは、走ってきた車の運動エネルギーの量に比例し、運動エネルギーが多いほどダメージは大きくなります。衝突によって車が変形したり破損したりするときに、エネルギーが使われます。またその際、熱エネルギーも発生します。

これらのエネルギーはもともと、走ってきた車の運動エネルギーが形態を変えたものです。運動エネルギーは〝物〟をぶち壊す役目を果たすといってもいいでしょう。熱エネルギーもまた、物体を壊します。しかし、物体（液体、固体、気体のいずれでも）のもつ「熱エネルギー」とは、その物体を構成している原子や分子のでたらめな（ランダムな）運動に伴う個々の運動エネルギーの総和です。結局は、熱エネルギーの源もまた、運動エネルギーであるということになります。

ポテンシャルエネルギーとはなにか

もう一つの基本エネルギーである「❷ポテンシャルエネルギー」とはなんでしょうか？　ひと言でいえば、「蓄えられているエネルギー」です。えっ？　蓄えられているエネルギー？　いったいどこに蓄えられているの？　当然の疑問ですね。

たとえば、バネが引き伸ばされた状態や縮んだ状態に保たれている場合に、バネ全体に弾性ポテンシャルエネルギーが蓄えられています。あるいは、地上のある高さにおいてボールを手にもっているとき、その高さには「重力ポテンシャルエネルギー」が蓄えられています。

「高さ」とは、地球とボールとの間の「空間の隔たり」です。この意味において、重力ポテンシャルエネルギーは、ボールの位置と地面との間の空間（すなわち高さ）に蓄積されているということになります。ボールの位置が高いほど、その点に蓄積されている重力ポテンシャルエネルギーは大きくなります。

その高さからボールを放すと、重力ポテンシャルエネルギーが運動エネルギーに転じてボールは落下します。落下していく過程で「高さ」が減じていくために、重力ポテンシャルエネルギーはどんどん減少し、代わりにボールの運動エネルギーはどんどん増加していきます（加速される）。最終的にボールは地面に衝突し、当初もっていた重力ポテンシャルエネルギーはすべて熱エネルギーに変換されます。ボールが衝突した地点の温度は少し上がり、この熱は周囲の地面や空気中に広がっていきます。

このケースにおいても、エネルギーはまったく消滅していません！　熱エネルギーが周囲に拡散することは、エネルギーの消滅を意味しているわけではないのでご注意を。

素粒子のレベルにおいても、ポテンシャルエネルギーが存在します。素粒子のポテンシャルエネルギーは、「真空」に蓄えられています。真空とはどこでしょうか？　原子や分子、あるいは原子核中に存在する真空部分に、エネルギーが蓄えられているのです。そのような真空に存在する「場」が、エネルギーをもっています（場については第3章参照）。

一つの「物理系」において、摩擦がまったく存在しないとすると、ポテンシャルエネルギーは運動エネルギーに変換され、逆に運動エネルギーはポテンシャルエネルギーに変換されます。この2種のエネルギーが互いに変換されている最中は、全エネルギー、すなわち「運動エネルギー＋ポテンシャルエネルギー」は一定に保たれます。

運動エネルギーが増えつつあるときにはポテンシャルエネルギーが減少し、逆に運動エネルギーが減りつつあるときにはポテンシャルエネルギーが増加します。これもまた、「エネルギー保存の法則」にかなっています。

$E=mc^2$はあらゆるエネルギーにあてはまる

さて、このポテンシャルエネルギーを入り口に、いよいよ$E=mc^2$にご登場いただきましょう。エネルギーを語るにあたって、アインシュタインの発案による世界一有名な数式を無視することはできません。

この式の登場人物たちをあらためてご紹介しますと、まず左辺のEは「エネルギー（Energy）」を表しています。右辺のmは「質量（＝物質の量。mass）」を表し、やはり右辺にあるcは「光速度（秒速30万㎞）」を表します。光の速度は一定値ですから、それを2乗したc^2の値も一定値となります。

$E=mc^2$は、質量はエネルギーに変換されうるし、また逆に、エネルギーは質量と等価であることを意味しています。実にふしぎな内容を語りかけてくる式です。はたして、$E=mc^2$に現れるエネルギーEとは、これまでに登場したどのタイプのエネルギーなのでしょうか？　あるいは新顔が登場するのでしょうか？

実は、あらゆるタイプのエネルギーが、この式におけるEにあてはまるのです。

$E=mc^2$はまた、「エネルギーが増える＝質量が増える」ことも指し示しています。エネルギーが増加しただけで質量が増える？　本当にそんなことが起きるのでしょうか？

ここでもう一度、先ほどポテンシャルエネルギーを考える際に登場したバネについて考えてみます。バネの両端を互いに逆向きに伸ばすためには力が必要です。強力なバネの両端を引っぱり続け、どんどん伸ばしていくのはなかなかの労力です。つまり、バネを伸ばすためには、相当量のエネルギーをつぎ込まなければなりません。

これはすなわち、伸びたバネにはエネルギーが蓄えられているということであり、この、バネに蓄えられたエネルギーを「弾性ポテンシャルエネルギー」とよびます。驚くべきことに、弾性ポテンシャルエネルギーを蓄えたバネは、質量が増しているというのです！　本当⁉

以前に筆者が考案した思考実験を図2－2に示します。

箱Aの底に、強力なバネの一端が固定されています。もう片方の端は、どこにも固定されていません。バネは伸びても縮んでもいない状態にあります。このバネに、弾性ポテンシャルエネルギーは蓄えられていません。ここで、バネの質量はゼロであると仮定します。この状態で二つの箱AとBの総質量を測定したところ、1000gでした。

次に、この強力なバネを強引に伸ばして、もう一方の端を箱Bの底にある固定点に固定します。バネを伸ばすときには当然、バネにエネルギーが与えられます。伸びたバネの元に戻ろうと

図2-2

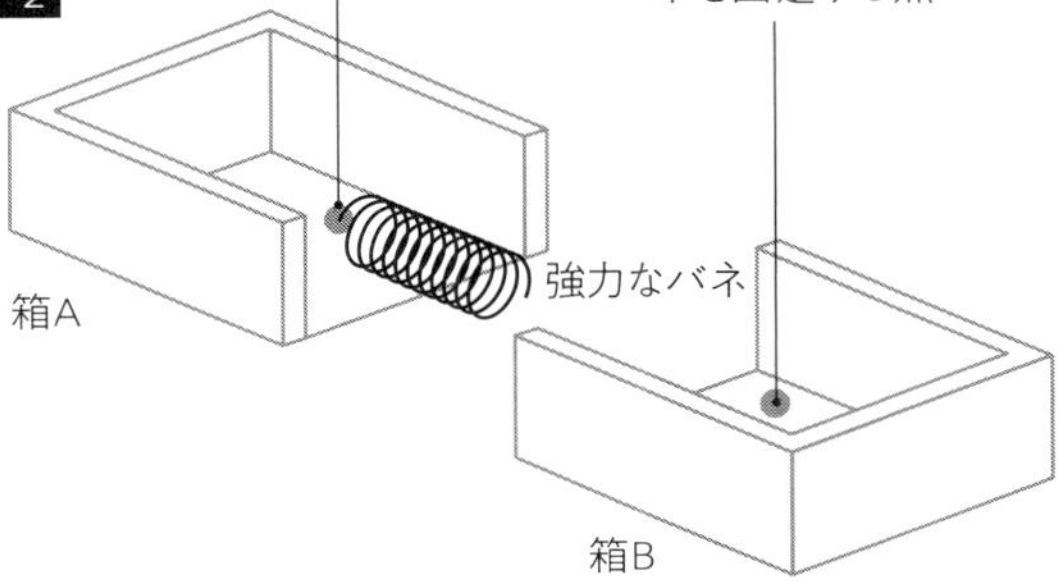

する力によって、二つの箱は互いに引き寄せられ、やがてくっついてしまいます。それでもなお、バネは伸びた状態を保っているとします。

このとき、バネにはその〝伸び〟に対応する弾性ポテンシャルエネルギーが蓄えられています。この弾性ポテンシャルエネルギーは、箱Bの固定点につなぐために、最初にバネを引っぱったときに外部から与えられたエネルギーに起因しています。いいですか、ここでもエネルギー保存の法則は遵守されています。エネルギーは決して〝無〟からは生じないことを思い出してください。

さて、バネが伸びたまま二つの箱がくっついている状態では、箱A、Bとバネとからなる全体の物理系には、余分なエネルギーが蓄えられていることになります。この点をよく理解していただきたいのですが、伸ばされる前のバネにはなんのエネルギーも蓄積されておらず、伸ばされた後にエネルギーが蓄積された状態になるのです。バネが伸びっぱなしになっている状

図2-3

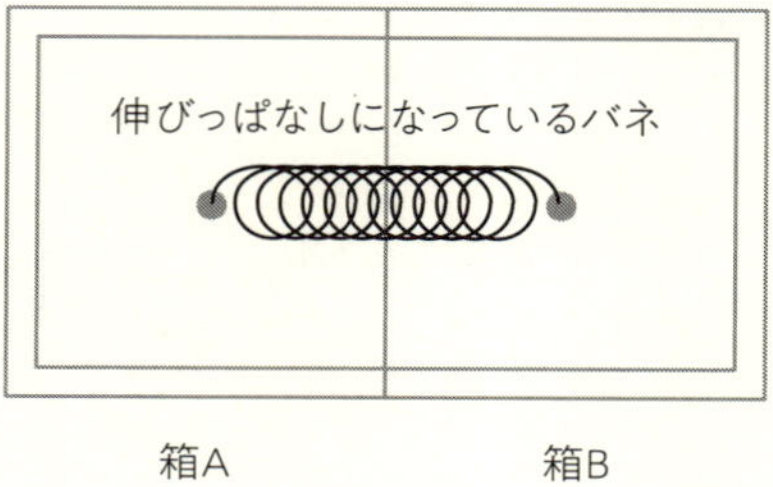

二つの箱がバネによってくっついた状態。
このバネは、弾性ポテンシャルエネルギーを蓄えている。

態を真上から見た図を描いてみます（図2－3）。

この、バネが伸びた状態にある二つの箱の質量を再度、測定してみます。驚くなかれ、測定結果は1030g！ 30g増えています。いったいどこからこの質量は現れたのでしょうか。

これこそが、$E=mc^2$の仕《し》業《わざ》なのです。繰り返しますが、伸びたバネには、弾性ポテンシャルエネルギーが蓄えられています。バネに現れたこの余分のエネルギーが、$E=mc^2$を通して質量に転換されたために、バネを含む二つの箱全体の質量が増えたのです。その増加分が、30gというわけです。

この、伸びたバネに現れたポテンシャルエネルギーは、もともとは筋力を使ってバネを伸ばした人の体内に蓄えられていたエネルギーの一部です。バネに伝達されたぶんだけ、バネを伸ばした人の体内のエネルギーは減ることになります。エネルギーは、確実に保存されています。

地球上では、質量が倍になると重さも倍になり、質量が3倍に増えると重さも3倍に増える……というように、物体の重さは質量に比例します。しかし、この実験では便宜上、バネのもとの質量をゼロとしていましたので、伸ばされる前のバネの重さもまたゼロです。

ところが、伸ばされたバネに蓄えられた弾性ポテンシャルエネルギーが$E=mc^2$に従って質量として現れると、それに応じた重さがバネに生じるのです！　正確にゼロだったはずの重さが、30gも生じるのです！　$E=mc^2$の果たす役割の、なんと不可思議なことでしょう。

もちろん思考実験ですから、ここでの30gは恣意的な値にすぎず、実際のバネの重さの増加分は30gよりはるかに小さいことでしょう。しかし、その値がいくらであれ、確かに重くなるのです。$E=mc^2$のふしぎについては、第5章であらためて詳細に説明します。続きが気になってしょうがないでしょうが、今しばらく、お待ちください。

＊

続く第3章では、「力」と「場」について議論します。まずは、私たちに最も身近な力の一つである電気と磁気が生み出す力について考えてみましょう。その考察の先には、「エネルギーをもつ場」というこれまた不可思議な概念が登場するというのですが……⁉　また新たな「物理のからくり」に触れる予感がしてきますね。

第3章

力と場のからくり

——真空を伝わる電磁力と重力のふしぎ

電荷とはなにか

第2章で、エネルギーにはさまざまな種類（形態）があることをお話ししました。実は「力」にも、いくつかの種類が存在します。本章ではまず、電気と磁気が生み出す力について考えていきます。

電気の源はなにかと問われたら、みなさんはどう答えますか？　発電機？　発電機は確かに電気を生み出しますが、ここではもっと原理的な根源を考えます。答えは「電荷」です。

では電荷とはなにか？　これまた簡単に答えることは難しく、なかなかにイメージしにくい存在ですが、ここではひとまず、電荷とは「電気の量」であるとしておきましょう。電荷には、プラス電荷とマイナス電荷の2種類があります。電荷そのものを具体的に見ることはできませんが、電荷の〝所在地〟はわかります。

電荷は、原子の中に存在しています。ご存じのように、あらゆる物体は膨大な数の原子が寄り集まって構成されています。いくつかの原子がくっつくと「分子」ができあがります。たとえば、水素原子2個と酸素原子1個がくっつくと水分子ができます。ここでは、原子だけに注目して議論を進めましょう。

私たちの身のまわりには、さまざまに異なる物体があります。多種の金属、木や土、石、混合物、食物……。これらすべてが膨大な数の原子からできている以上、多種の物体が存在するという事実は、原子に種類があることを示しています。単独の原子の内部は、どんなに高精度の顕微鏡を使っても見ることはできません。原子１個の大きさは、１億分の１cm程度です。

原子がなぜこんなに小さいのか、誰にも説明することはできませんが、個々の原子には「内部構造」があることがわかっています（図３－１）。原子は次の３種類の基本粒子から成り立っており、中性子を除く二つが「電荷」をもっています。

図3-1 原子1個の構造

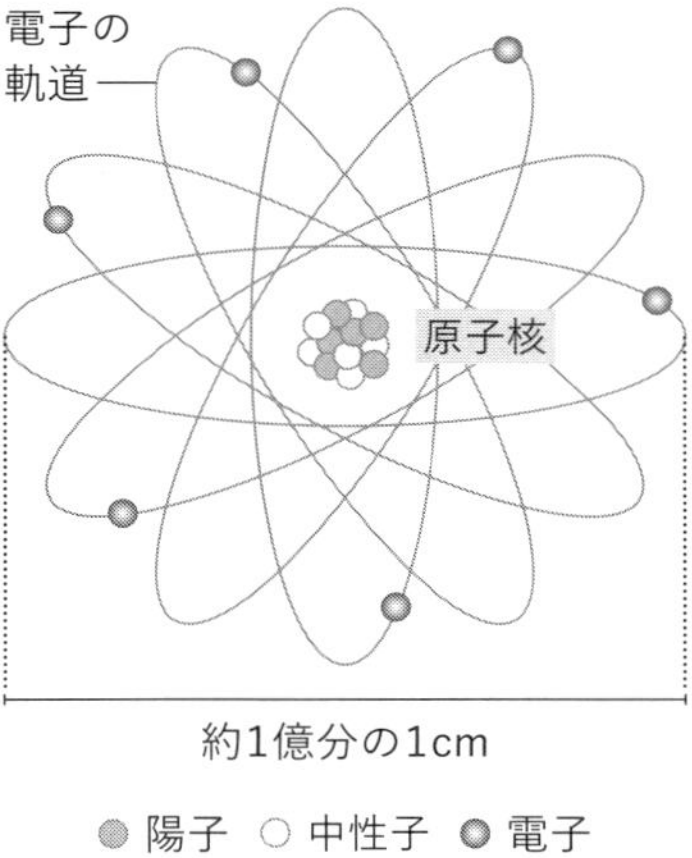

❶電子（マイナス電荷をもつ）
❷陽子（プラス電荷をもつ）
❸中性子（電気的に中性で、電荷ゼロ）

陽子や中性子にはさらに内部構造があり、電荷をもつ三つのクォークからなっています。電子もクォークも素粒子ですが、なぜ素粒子が電荷をもつのか、そのからくりはまだ、誰も解き明かしていません。物理の法則は奥が深い！

まず、これらの粒子の質量について見てみましょう。陽子と中性子の質量はほとんど同じで、中性子の質量がほんのわずか陽子よりも大きくなっています。一方、電子の質量は極端に小さく、陽子や中性子のほぼ2000分の1です（正確には陽子の1836分の1、中性子の1839分の1。つまり、中性子のほうが陽子よりもやや重い）。

では、電荷はどうでしょうか？　先ほど、「電荷とは電気の量である」といいました。陽子と電子ではおよそ2000倍も質量が異なるのだから、電気の量も相当に差があるに違いない。誰もがそう思うでしょう。

ところが、驚いたことに陽子のもつ電荷と電子のもつ電荷はまったく同じなのです。プラス／マイナスの符号（±）が互いに反対になっているだけなのです。したがって、陽子1個と電子1個の正味の電荷は、プラスとマイナスが相殺されてきっちりゼロになります。質量の違いから考えると実にふしぎなことですが、陽子や電子に付随する「電荷」とはこのようなものなのです。

さて、図3－1に示すように、原子の中心には、いくつかの陽子といくつかの中性子が隙間がないほどぎっしりと寄り集まって「原子核（あるいは単に核）」を構成しています。中性子は電荷をもたないため、原子核全体は電気的にプラスに帯電しています。その電荷は、原子核内にある陽子のプラス電荷を足し合わせたものです。

原子核の周囲には、いくつかの電子が周回しています（図3－1にその軌道が描かれている）。原子核内の「陽子の数」と、原子核の周囲を回っている「電子の数」は、ぴったり同じです。電

図3−2

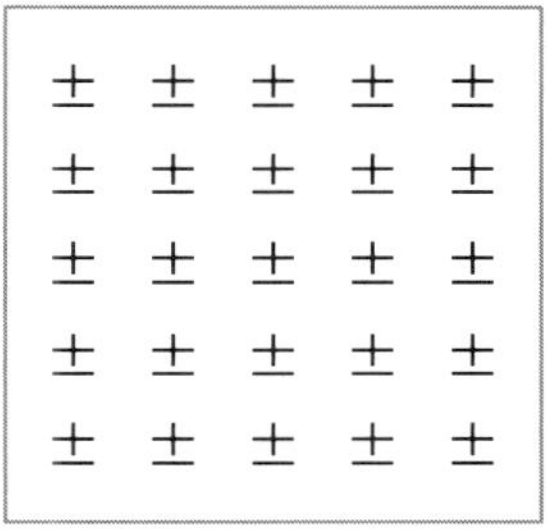

プラス電荷とマイナス電荷は等量あるので、プラスとマイナスが相殺されて物体全体の正味の電荷はゼロになっている。これは、すべての物体にあてはまる。物体は電気的に中性。

子1個のもつマイナス電荷と陽子1個のもつプラス電荷の量が等しいことから、原子全体の正味の電荷はゼロになっています。つまり、原子は電気的に中性です。原子核は電気的にプラスであり、電子はマイナスであることから、両者の間には「電気引力」が働いています。電子は、この電気引力によって原子核に引きつけられており、ゆえに原子から離れて逃げ出すことがありません。

結局、「電荷の所在地」は原子（そしてそれが寄り集まった物体）の内部ということになります。

電気力は空間を伝わる

「電荷」にはプラスとマイナスの2種類があり、それが何であれ、すべての物体は同数のプラス電荷とマイナス電荷から構成されています（図3－2）。プラス電荷とマイナス電荷は等量あるので、物体内の全電荷（正味の電荷）はプラスとマイナスが相殺されてゼロになり、物体全体としては電気的に中性になっています。

ここで注意すべきは、物体内のマイナス電荷は自由に動き回ることができる一方、プラス電荷は同じ位置に固定されていて動き回ることができないということです。ただし、プラス電荷は同じ位置を保ちながら、その場所で振動することはできます。その理由は、原子の構造にあります（図3－1）。

電子（マイナス電荷）は原子核の外側を回っていますが、そのいちばん外側の軌道（最外殻軌道）を周回している電子は、原子核に引きつけられる電気引力が弱いために、外部から摩擦などを通してエネルギーを与えられると、すぐに原子から離れてしまうのです。電子を〝はぎ取られた〟原子は、電気的にマイナス不足になり、正味の電荷がプラスになります。

以上の説明は、人体を含むすべての物体にあてはまります。私たちが何かの物体に触ってもまったく電気を感じないのは、その物体も私たちの手も電気的に中性で、正味の電荷がゼロであるからです。

もともとは電気的に中性の二つの異なる物体をこすりあわせて摩擦を起こすと、どちらか一方からはぎ取られた「マイナス電荷の移動」によって、かたやプラス電荷過剰となってプラスに帯電し、かたやマイナス電荷過剰となってマイナスに帯電します。たくさんの異なる物体を用意して摩擦を起こすことで、プラスに帯電した物体とマイナスに帯電した物体を容易に得ることができます。

図3-3

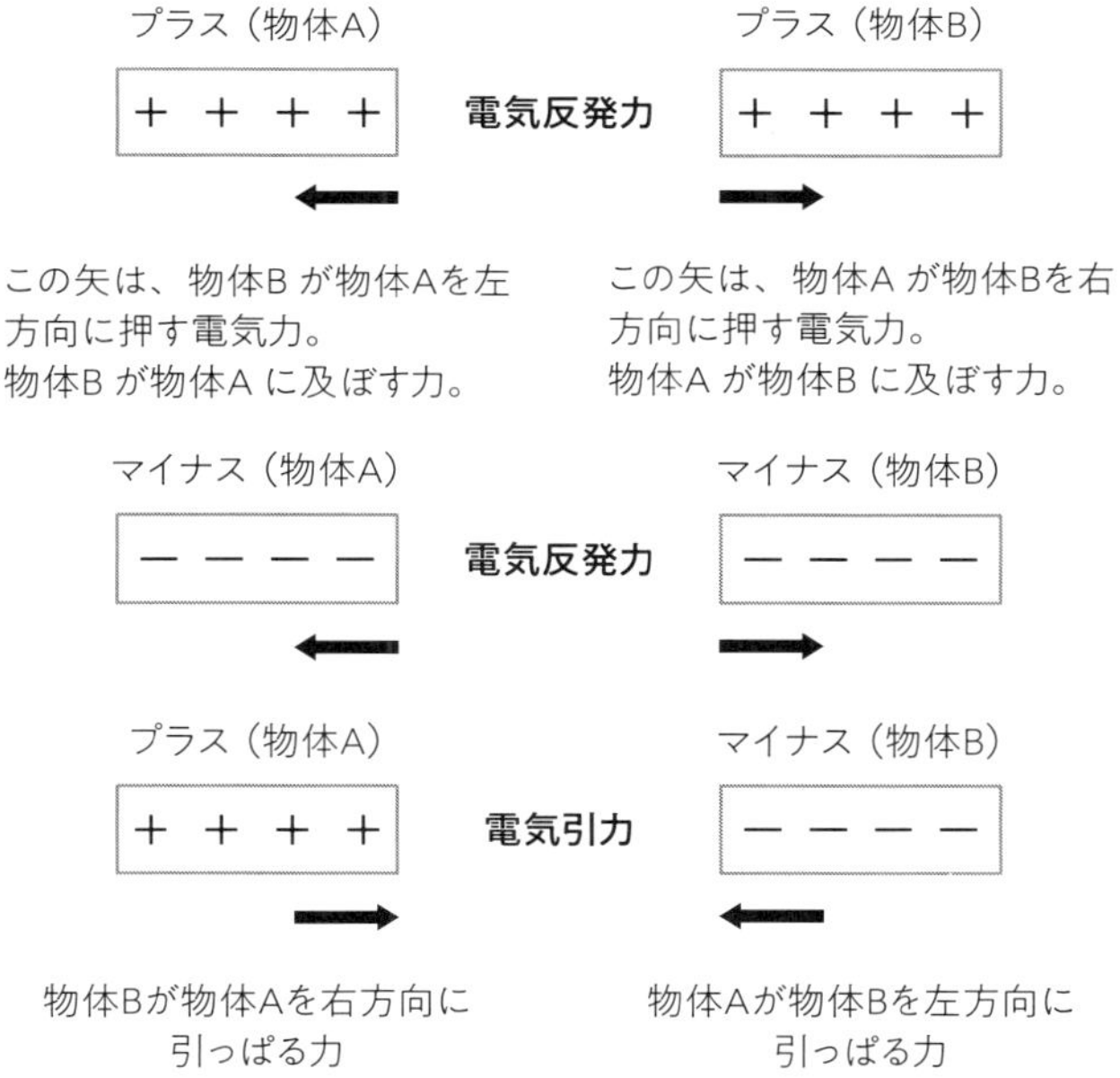

　そこで、帯電した二つの物体AとBを準備し、互いに接触させずに配置します（図3－3）。これら両物体がいずれもプラスに帯電している場合、あるいはいずれもマイナスに帯電している場合には、二つの物体の間に空間を通して電気反発力（電気斥力）が働きます。その結果、両物体は加速されながらどんどん離れていってしまいます。力とは「物体を加速するもの」であることを思い出してください。

　こんどは別の二つの物体を用意し、一方がプラスに帯電していて、もう一方はマイナスに帯電している状況を考えます。両者を互いに接触させずに配置すると、両物体間にはやはり空間を通して電気引力が働き、互いに加速されながら近づいていきます。いかなる力も、加速の原因になります（ニュートンの第二法則）。

電気力を理解する重要なポイントは、上記の2物体はどのペアにおいても、当初は物理的な接触をしておらず、ある空間を隔てて置かれていたことです。にもかかわらず、電気力は空間を通してその効果を発揮しました。なんの力も加えずに放置しておけば（そして、摩擦の存在を無視すれば）、それら帯電した物体は独りでに動き出すことになります。

さらにです。二つの物体が電気力によって動いている間中、電気力は絶対に消滅することはありません。ニュートンが見出した「力の効果」によれば、力は物体を加速させます。すなわち、二つの物体が電気力によって動いている間は、それが反発力であれ引力であれ、ずっと加速され続けるということです。これが電気力の効果です。

「電気力が空間を伝わる」ことを、〝奇異〟に感じるかもしれません。しかも、ここでいう空間は、空気のある空間でもいいし、また空気の存在しない「真空」でもかまわないのです。えっ！電気力が真空を伝わる？　本当⁉　意外に思われるかもしれませんが本当です。実験に基づく事実なのです。これらの電気現象は、電荷を考えずには説明のしようがありません。電荷こそ「電気の源」なのです。

磁力も空間を伝わる

多くの人が生まれて初めて〝ふしぎな力〟の存在に気づくのは、磁気の力を通してかもしれません。二つの磁石が、何もしなくても独りでに互いに引き合ってくっついたり、あるいは互いに反発して勝手に遠ざかるのを見て驚いた記憶が、誰にでもあるのではないでしょうか。机の上のクリップを、上空から近づけた磁石で立たせる遊びもほとんどの人が経験しているでしょう。

しかし、磁力による吸着というこのふしぎな現象も、実は、物体がある高さから落下するのと本質的には同じ現象です。どちらも、二つの物体が空間を通して働く力によって近づいていることに変わりありません。すなわち、ともに引力による現象です。

ところが私たちは、重力によって物が落ちる現象には生まれつき慣れ親しんでいるために、これをふしぎとは感じません。磁力と同じようにふしぎさを感じとり、万有引力の発見に結びつけたニュートンの偉大さがよくわかりますね。

さて、磁力を理解するために、二つの磁石を考えてみます。ここでは、二つの「棒磁石」を用います。すべての磁石には2種類の「磁極」があり、それぞれN極、S極とよばれています。棒磁石の場合は、一端がN極になっており、反対側の一端がS極になっています。そこで、二つの

図3-4

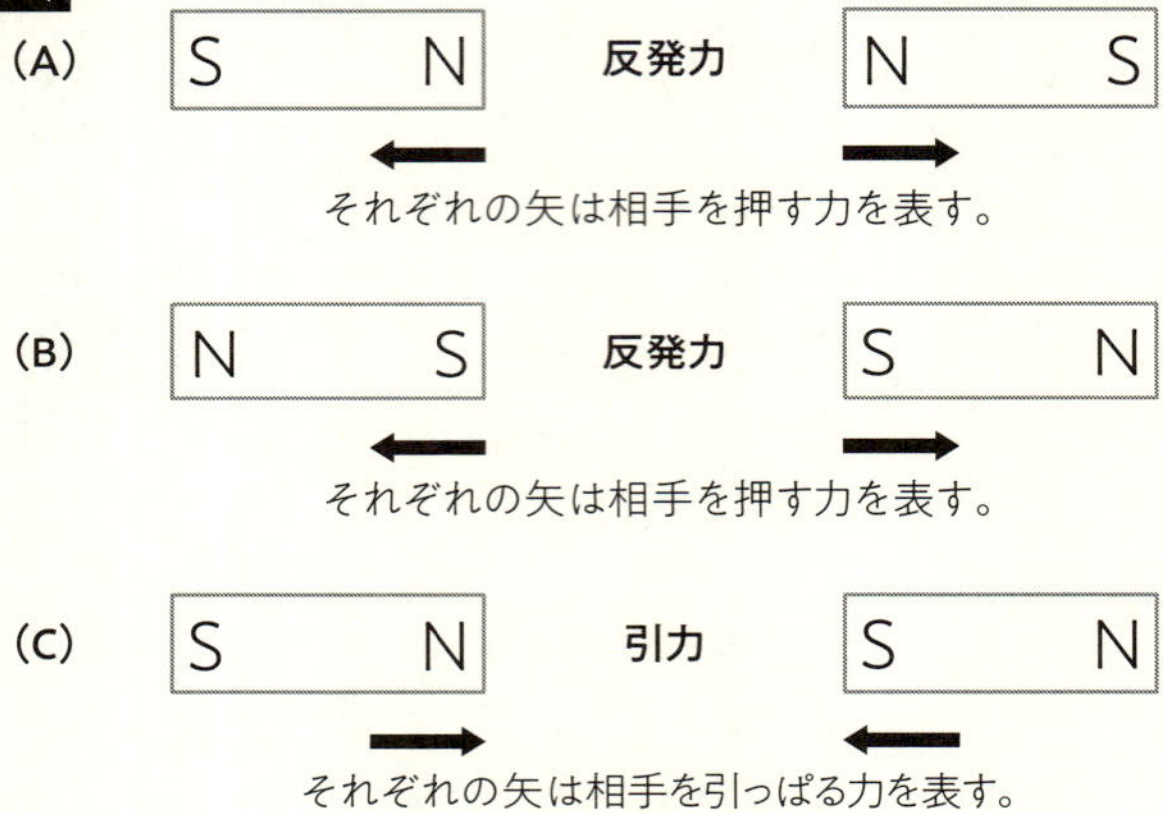
(A)
S N
反発力
N S
それぞれの矢は相手を押す力を表す。
(B)
N S
反発力
S N
それぞれの矢は相手を押す力を表す。
(C)
S N
引力
S N
それぞれの矢は相手を引っぱる力を表す。

棒磁石を図3‐4に示すように3通りに配列してみます。

(A)と(B)は、互いに同じ磁極（NとN、あるいはSとS）が向き合っています。この場合、空間を通して磁気反発力が働き、二つの磁石は互いに相手の磁石を押しやろうとします。他方、(C)では、互いに異なる磁極が向き合っています。この場合は二つの磁石の間に空間を通して磁気引力が働き、互いに近づいていきます。

磁気力も力ですから、(A)〜(C)いずれの場合も、二つの磁石は加速されながら遠ざかったり近づいたりします。磁石の場合もやはり、空間を通して磁力が伝わる点が重要です。

こんどは、小さな棒磁石と巨大な磁石を用意して、水平な机の上に載《の》せてみましょう（図3‐5）。小さいほうの磁石の質量を5gとし、大きいほうの

図3-5

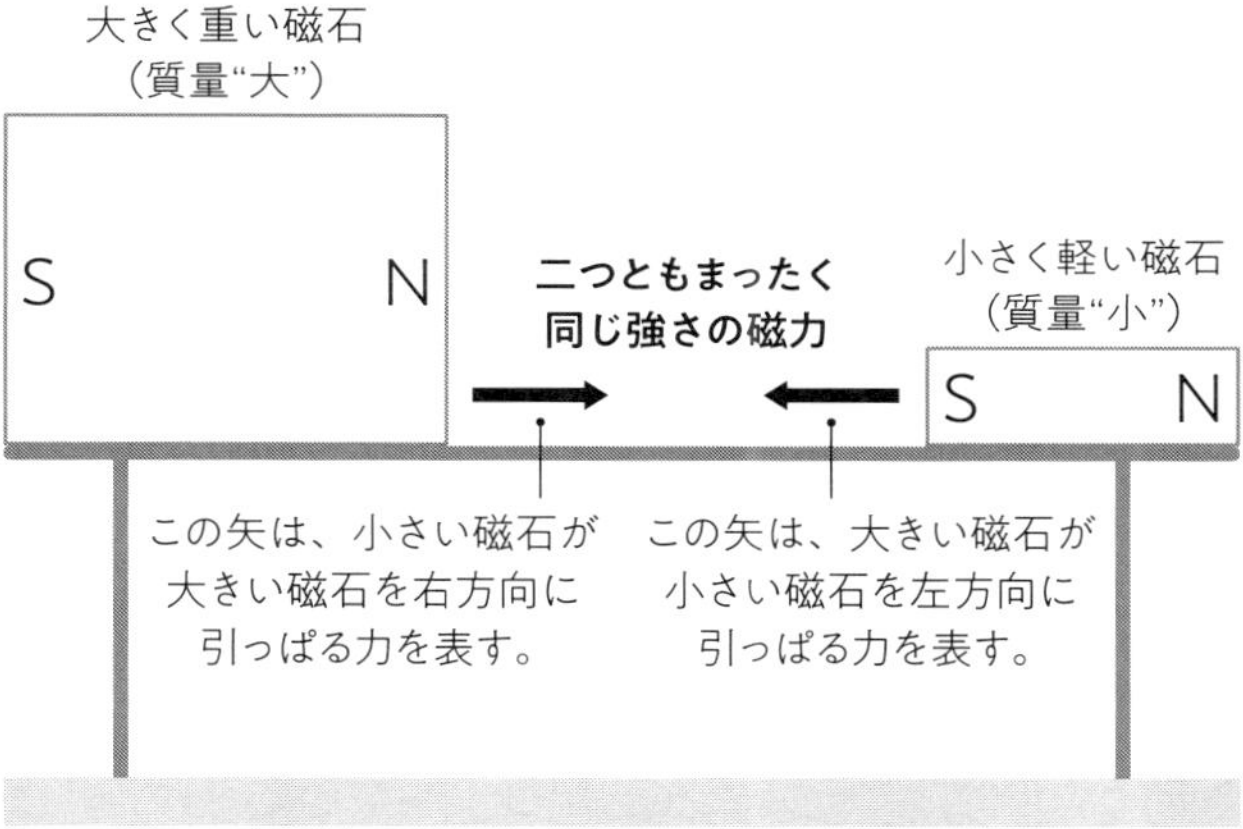
大きく重い磁石
(質量“大”)
S
N
二つともまったく
同じ強さの磁力
小さく軽い磁石
(質量“小”)
S
N
この矢は、小さい磁石が
大きい磁石を右方向に
引っぱる力を表す。
この矢は、大きい磁石が
小さい磁石を左方向に
引っぱる力を表す。

磁石の質量を500kgとします。ここで二つの仮定をします。まず、二つの磁石と、それらに接触している机の表面との間には摩擦がまったくないものとします。次に、この机は頑丈にできていて、500kgの重さに十分に耐えうるものとします。

これら二つの磁石を、図3-4(C)のように配置します。つまり、二つの磁石の間に、空間を通して引力が働く状態にします。両磁石とも、最初は静止しているものとします。

小さく軽い磁石は、大きく重い磁石を磁力を通して引きつけ、同時に、大きく重い磁石も小さく軽い磁石を磁力を通して引きつけます。しかし、大きく重い磁石は質量が大きいために「最初の静止状態を永久に続けたい」という欲望（慣性）が強く、小さな磁石から力を受けているにもかかわらず動きません。一方、小さく軽い磁石は質量が小さいために慣性が弱く、大きい磁石からの磁力に簡単に反応し、加速されながら大きい磁石に近づいていきます（32ページ図1－4に示されている、野球ボールが地球に加速されながら近づいていくのとまったく同じ現象です）。

ここで重要なことは、二つの磁石が互いに及ぼす磁力が、まったく同じであることです。だからこそ、図中で磁力を表す二つの矢は、どちらもまったく同じ長さになっています（向きは反対）。5gの磁石と500kgの磁石が生み出す磁力がまったく同じということに戸惑いを覚える人もいると思いますが、34ページで説明した重力の例と同様です。二つの磁石が相手から受け取る磁力は、小さい磁石の磁力mと大きい磁石の磁力Mの積mMになっているのです。mMの値はどちらの磁石にとっても等しいので、両者ともにまったく同じ磁力を相手から受けるのです。これもまた、ニュートンの第三法則である作用－反作用の法則によるものです。

ニュートンの運動の法則のなかでは、この第三法則が最も理解しにくいかもしれません。なにしろ、地球がアリ1匹を引っぱる力と、同時にそのアリが地球を引っぱる力がまったく同じだというのですから！　そうです、「まったく同じ力」というのが作用－反作用の法則の要点です。

磁力の源は？

図3-6

上から〝覗く〟と右回りにスピンしている。スピンの方向は〝右ネジの法則〟に従う。右ネジを右回りに回転させるとネジは下方に動く。下方がスピンの方向で、図の矢はスピンの方向を表している。

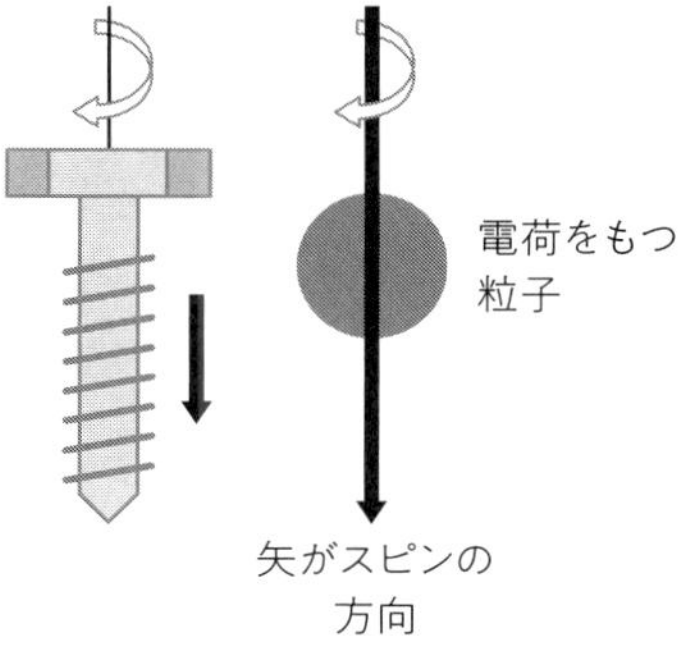

電荷をもつ粒子がスピンすると磁石になる。電子や陽子は磁石になっている。

電気力の源が「電荷」であることはすでに説明しました。それでは、「磁力」の源はなんでしょうか？

実は、磁力の源は「運動する電荷」なのです。つまり、「磁石の大元締め」は「動く」電荷です。「自転／スピン」も自転運動とよばれるので、電荷をもつ粒子が自転／スピンすると、これもまた「運動する電荷」ということになります。65ページ図3－1に描かれている原子の構造図を再度、見てください。原子は、電子、陽子、中性子という3種類の基本粒子から構成されており、これら3種の粒子はすべて自転（スピン）しています。つまり、電子と陽子もまた、「運動する電荷」ということになります。

電荷をもつ粒子がスピンすると、それは必ず磁石になることが知られています（図3－6）。電荷をもつ粒子の〝自転〟が、「運動する電荷」に他ならないからです。このため、電子と陽子はいずれも「永久磁石」

になっています。

面白いことに、この磁石の強さは、粒子の質量に反比例します。すなわち、質量の小さい粒子ほど、磁石の強さが大きくなります。電子はきわめて軽く、陽子の質量のざっと2000分の1ほどしかありませんが、電子の磁石としての強さは、陽子のそれに比べ約2000倍強いわけです。

忘れないうちに付け加えておきますが、電子や陽子がなぜ永久にスピンしているのかはわかっていません。

磁力を考えるうえで重要なのは、電子の磁石です。陽子や中性子もスピンしてはいるものの、その質量が電子に比べて桁外れに大きい（重い）ために、どうしても〝回りにくさ〟が伴います。したがって陽子のスピンによる磁石の強さは、電子の磁石の強さよりもはるかに小さいため無視できます。そこで以降は、電子の磁石だけを問題にします。電子が磁石になっているからこそ、原子全体も磁石になりえるのです。

なお、電流は電子の流れそのものですから、これもまた「運動する電荷」です。

磁石には「方向」がある——磁気双極子とはなにか

さて、磁石のもつ重要な性質をご紹介しておきましょう。それは、「磁石には方向がある」ということです。方向？

まず、1mほどの長さをもつ細長い棒磁石を用意します。その一端はN極で、もう一端はS極です。空手の達人を呼んできて、この細長い磁石のちょうど真ん中あたりで真っ二つに割ってもらいます。割れた後には2本の棒が残りますが、ここで興味深いことが起こります。割れ目の部分に、新たな磁極、すなわちN極とS極が〝自動的に〟現れるのです（図3－7）。つまり、二つに割れた棒磁石は、長さは半分になっても、それぞれ独立した棒磁石になるのです。

図3-7

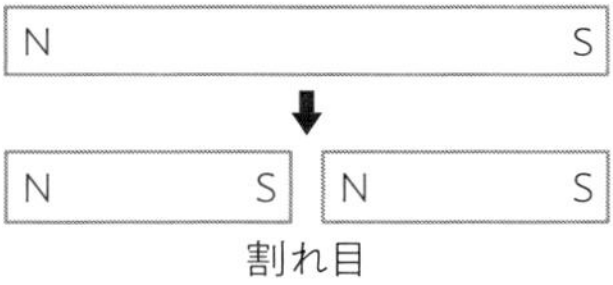

図3-8

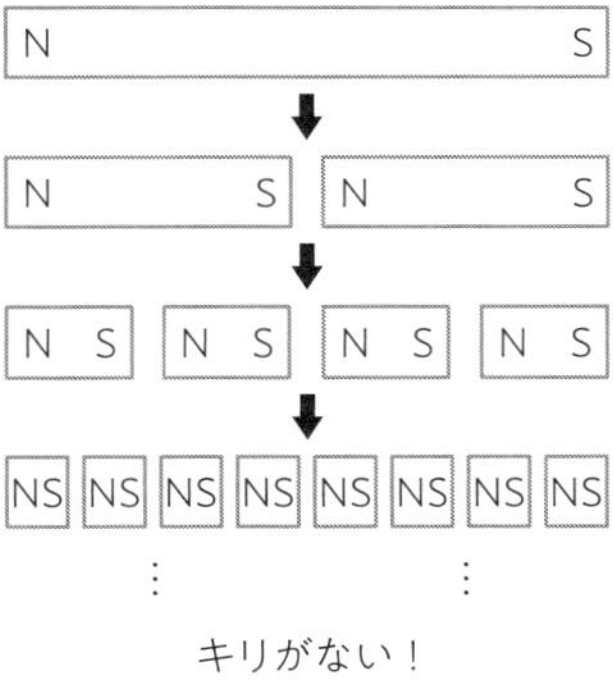

空手の達人にもうひと仕事してもらいましょう。この二つの棒磁石を、さらにそれぞれ半分に割ってみます。するとまったく同じことが起き、各割れ目の部分にN極とS極がやはり〝自動的に〟現れます。長さはそれぞれ、最初の長さの4分の1になりますが、四つの独立した棒磁石になります。こ

れを繰り返していくと、図3‐8のようになります。

キリがない！……と放り出したくなりますが、これは厳然たる事実なのです。この事実から、どんな磁石においてもN極とS極は分離不可能であるという結論にいたります。単独の磁石において、N極だけしかない、あるいはS極だけしかないというものは存在せず、必ずN極とS極は対《つい》（ペア）になって現れます。究極的には、原子1個より小さくした磁石においても、N極とS極は対（ペア）のまま残っています。

この性質は磁石の形には関係ありません。馬蹄《ばてい》形や〝コ〟の字形をしていようが、グニャグニャと曲がっていようが、どれだけ細かく粉砕してもN極とS極のペアが現れます。そして、当初の形はどうあれ、究極まで小さくなった個々の磁石は、極端に短いまっすぐな棒磁石になります。

したがって、磁石の基本はN極とS極が直線上に並んだきわめて短い「二つの磁極の対（ペア）」ということになり、分離不可能な磁極がつねに二つ存在することから「磁気双極子」とよばれています。この、極限における原子より小さい磁気双極子は、これ自体が磁石であり、すべての磁石の「基本磁石」となっています。言い換えれば、あらゆる磁石は、膨大な数の磁気双極子からできているということになります。

磁石は「磁力」を生み出します。〝力〟というものにはそもそも、「それがどのくらい強いのか」を示す「量」の要素に加え、「それがどちらに向いて働くか」を示す「方向」の要素が含まれています。ここまでは説明なしで使ってきましたが、「矢」を用いて力を表すのはそのためです。矢の先端が力の「方向」を示し、矢の長さが力の「量（あるいは強さ）」を表します。

このように、「方向」と「量」を同時に併せ持つような物理量を「ベクトル」とよびます。どんな力も、その作用する「方向」をもっているので、力は典型的なベクトルです。磁力の基本である磁気双極子も「方向」をもつことになり、それは「S極からN極に向かう方向」と定義されています（図3－9）。

この図において、矢の長さは磁気双極子の磁石の強さを表します。矢が長いほど磁石の強さが強く、短いほど弱いということです。磁気双極子もまたベクトルであり、磁気コンパスはこの性質を利用したものです。

図3－9

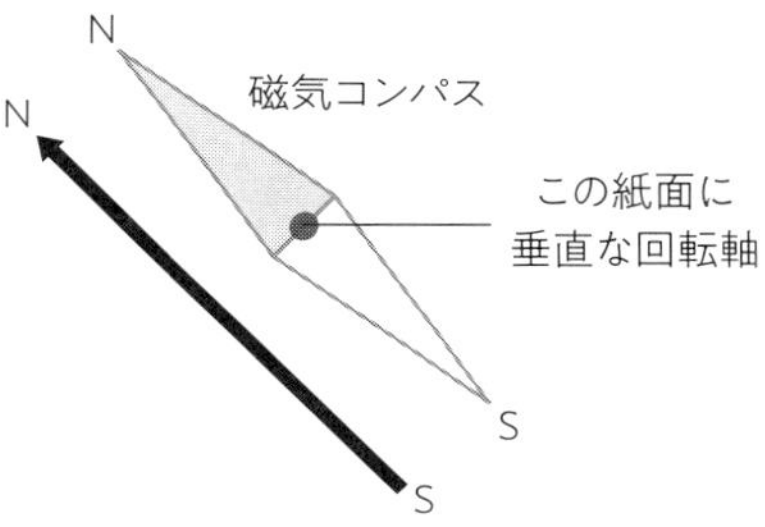

磁気双極子の方向（極端に拡大されている）

電子の磁気双極子

前述のとおり、電子は電荷をもち、かつスピンしています。すなわち、「運動する電荷」として永久磁石になっています。現在の物理学では、電子には内部構造がなく、「点」として扱われています。1個の「点」としての電子が「磁気双極子」になっているのです。

75ページ図3-6を再度、見てください。右ネジの法則によって、上から見て右回りの電子のスピンの方向は下向きでした。ところが、電子はマイナス電荷をもっているために、磁気双極子の方向はこのスピンの方向とは逆になります。すなわち、電子のもつ磁気双極子の方向は、図3-6においては下から上に向かいます。

磁気双極子はS極からN極に向かうので、図の下側にS極があり、上側にN極があることになります。磁気双極子の方向を描いた図3-10と見比べてください。

図3-10

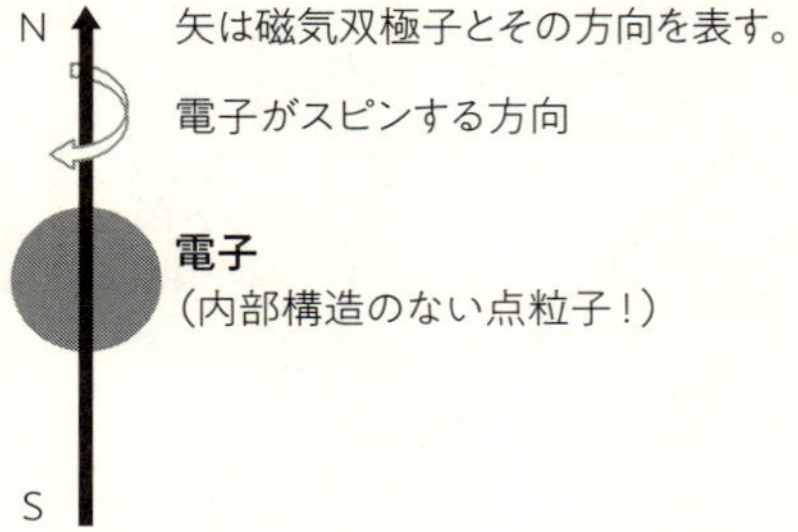

☑ 電子＝磁気双極子＝永久磁石→電子は永久磁石なり！

です。では、永久磁石になっているのはどの電子？　すべての電子です！

磁石にくっつく、くっつかないはどう決まる？

ところで、みなさんは子どものころ、こんな疑問を抱いたことがないでしょうか？

「鉄は磁石にくっつくのに、どうしてアルミはつかないの？」

つまり、磁石にくっつくか／くっつかないかは何が決めるのか、という疑問です。

金、銀、銅、アルミニウム、亜鉛、鉛……など、ほとんどの金属は磁石と反応せず、くっつくことはありません。同じ金属であっても、ご存じのように鉄は磁石にくっつきます。この違いはなんでしょうか？

実は、磁気双極子が秘密を解くカギを握っているのです。鉄を含むすべての金属は、例外なく膨大な数の原子からできています。しかし、金属の種類によっては、それを構成している個々の原子の原子核のまわりを回っている電子が特別な並び方をしているため、原子が強い磁石になることがあるのです。磁石になる金属はみな、そのような原子から構成されています。

では、「特別な並び方」とはどのようなものでしょうか？　それは、すべての電子が同じ方向を向き、その磁気双極子がどれも同じ向きになっている並び方です。向きがそろうことで個々の磁気双極子の磁石の強さが合算され、結果的に原子全体の磁気が強まるのです。このような原子から構成されている金属は磁化されやすく、「強磁性体」とよばれます。強磁性体の種類はきわめて少なく、鉄に加え、コバルト、ニッケル、ガドリニウムの4種類のみです。

一方、金属にかぎらず、原子核のまわりの電子の並び方が交互に逆向きになっている場合は、個々の電子の磁気双極子が互いに打ち消しあうために、原子は磁石になりません。金属を含むほとんどの物質は、原子核のまわりを回る電子の磁気双極子が同じ方向にそろっていないために、正味の磁気が打ち消されて磁石になりません。

「場」という考え方——その1

電気と磁気が生み出す二つの力を見てきたところで、いよいよ「場」が登場します。

物理学のからくりをひもといていくにあたって、「場」の概念はきわめて重要な登場人物の一人です。そして、電気を伝える場である「電場」と磁気を伝える場である「磁場」の考察を進めていくと、その行き着く先には光速度「c」が現れます。そう、本書の主役である$E=mc^2$の「c」です。いったいどういうことなのか、じっくり考えていくことにしましょう。

さて、「場」の考え方に慣れるために、ある部屋を考え、その部屋の内部の温度を測定する実験をしてみます。できるだけ小さな温度計を1000個用意し、各温度計に細くて丈夫な紐《ひも》をつけて天井からつるします。部屋の各部分の温度をまんべんなく測定するために、各温度計につける紐の長さはすべて異なるものとします。

　１０００個の温度計に示された温度をすべて読みとり、正確に記録します。各温度計が示す数値は、必ずしも同じではないはずです。たとえば、天井に近い部分の空気の温度は比較的高く、床に近い部分の温度は比較的低いというようなことがわかるでしょう。その結果、部屋の内部の空気の「温度分布」がわかります。

　さて、室内の温度分布が判明したところで、１０００個の温度計をすべて取り外します。重要なポイントは、温度計があろうがなかろうが、その部屋の内部の各点には温度があり、空気の温度分布は変わらずに存在しているということです。

　この場合、物理学者は「この空気のある部屋の空間には『温度場』という『場』が存在している」といいます。「力」や「速度」のように「量」と「方向」を同時に併せ持つ物理量を「ベクトル」とよびました。これに対し、「量」だけをもち、方向のない物理量は「スカラー」とよばれ、両者は区別されています。

　温度は、たとえば摂氏26度というように数値で表された「量」だけをもち、方向はありません。したがって、温度は「スカラー」であり、「温度場」は「スカラー場」とよばれます。

　部屋の隅に電熱器を置き、スイッチを入れると、部屋内の各点の温度は当然、変化していきます。つまり、部屋内の温度分布（温度場）が変化します。電熱器をオンにすると、まず電熱器を囲む周辺の空気の温度が高くなり、やがてこの温度の上昇は徐々に部屋全体に広がっていきます。すなわち、電熱器による温度変化は、温度場を伝わっていくことになります。

ちなみに、空間の各点に「量」と「方向」の両方をもつ物理量が点在している場合、その空間は「ベクトル場」で満たされているといいます。つまり、「場」には「スカラー場」と「ベクトル場」の2種類があることになります。

「場」という考え方――その2

あなたは今、池か湖のほとりに腰をおろして瞑想にふけっています。「世の中はなぜ、このようになっているんだろう?」――物理法則のからくりについて、思いをめぐらせているとします。目の前の水面には、1枚の〝木の葉〟が浮かんでいます。水面は静止していて、したがって木の葉も静止しています（図3－11）。

木の葉の位置は、あなたが腰をおろしている場所から3mほど離れていて、腕を目一杯に伸ばしても、とても届く距離にはありません。そこに〝私〟が現れて、お題を出すとしましょう。

「竿《さお》や棒など、なんの道具も使うことなしに、また、泳いでいって直接触れることもせずに、あの木の葉を動かしてみてください。動きさえすれば、どのように動いてもかまいません」

図3-11

「世の中どうしてこうなんだろう?」と瞑想にふけっている。

さあ、あなたはどうしますか？　簡単ですね。岸に近い水面に手を入れて、指を上下に動かせば、その周囲の水面もまた上下に振動します。この水の上下振動は、時間とともに水面上を広がっていくでしょう。この、水面の上下振動が四方八方に伝わっていく現象を「波」といいます。

波は遅かれ早かれ、必ず木の葉のある位置を通過します。あなたが連続的に指を上下に動かして水面を振動させ続けるかぎり、波は次々と絶え間なく木の葉の位置を〝通過〟していきます。波が通過している間中、木の葉は水面の上下運動とまったく同じように上下運動します。つまり、木の葉の上下運動は、あなたの指が水面に起こした上下運動とまったく同じです。

もしあなたが、長時間休むことなく連続的に指を動かして水面につねに波を作っていたら、やがてあなたは疲れてしまうでしょう。なぜなら、あなたは連続的に「エネルギー」を消費するからです。いずれお腹がすいてくるかもしれません。

一方、木の葉もこの間、上下運動を続けます。運動を続けているかぎり、木の葉は〝運動エネルギー〟をもつことになります。あなたがまだ瞑想にふけっている間は、水面が静止していたために木の葉も静止しており、運動エネルギーをもっていませんでした。しかし、水面の波が木の葉の位置を通過すると、木の葉は上下運動するので運動エネルギーをもつようになります。

これは、波が木の葉にエネルギーを与えたことを意味しています。すなわち、「波」はエネルギーをもち、さらにエネルギーを運ぶことができるのです。あるいはこの場合、「エネルギーは水面上にできる波によって伝達される」と考えることもできます。ニュートンの第二法則によれば、いかなる物体も外部から力（重力も含む）を加えられないかぎり、絶対に動きません。木の葉が動くということは、水面を伝わる波によって力を加えられていることになります。

ここであなたを物体Aとよび、木の葉を物体Bとよぶことにしましょう。以上の説明から、次のような重要な結論を得ることができます。

☑ **物体Aと物体Bとが、ある距離を隔ててその間に物理的接触がなくとも、物体Aのもつエネルギーを物体Bに移すことができる。さらに、力もまた、接触することなく物体Aから物体Bに伝わる。**

この結論には、一つの条件がついています。その条件とは、物体Aと物体Bとの間に、なんらかの「媒質」がなければならない、ということです。この例の場合では、媒質は「水」です。より一般的には、二つの物質の周囲を埋めつくし、力を伝える媒質を「場」とよびます。つまり、「エネルギー」や「力」は、「場」を伝わるということです。

みなさん「綱引き」をご存じでしょう。綱引きの場合は、「綱」が力を伝えるための「力の場」の役目を果たします。場のイメージが摑《つか》めてきたでしょうか？

電場とはどのようなものか

より詳しく理解するために、具体的な場について見ていきましょう。まずは電場から。

今後の議論の前提として、特に断りのないかぎり、「空間」は「真空」を意味します。空気（分子）の存在が、実験の邪魔になるからです。また、この真空空間は、地球をはじめとする各天体から遠く離れた、重力がまったく作用しない場所を指します。重力もまた、実験の妨げとなるからです。このような空間（特に、重力がまったく作用しない空間）は実在しませんが、理解を助けるための「思考実験」の場として想定します。

そのような空間に、二つの「荷電粒子」をもってきます。

荷電粒子とは、「帯電している粒子」です。その電荷がプラスであってもマイナスであっても

図3-12

二つの荷電粒子の間には、 真空空間を通して電気引力が働く。

図3-13

二つの荷電粒子の間には、真空空間を通して電気反発力(斥力)が働く。

図3-14

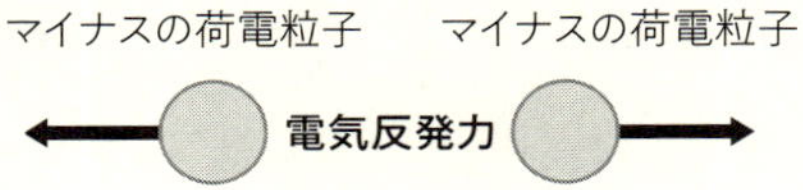

かまいません。たとえば、マイナス電荷をもっている電子は荷電粒子です。プラス電荷をもっている陽子もまた、荷電粒子です。原子核の周囲を回っている電子を一つもぎ取られた原子も、正味の電荷がプラスとなるため荷電粒子になります。

荷電粒子は必ず、電気的にプラス、またはマイナスのどちらかの状態にあります。ただし、「この粒子はプラスに帯電している」という場合、その粒子は必ずしも１００％プラスの電荷だけを有しているという意味ではなく、「この粒子においては、プラス電荷がマイナス電荷を上回ってプラス過剰になっている」という意味も含まれます。マイナスに帯電している粒子に対しても同様です。これからひんぱんに登場する「荷電粒子」はすべて、いちいち大きさを明示する必要のないほど小さいものとします。

今、真空空間に二つの荷電粒子ＡとＢをある距離

図3-15

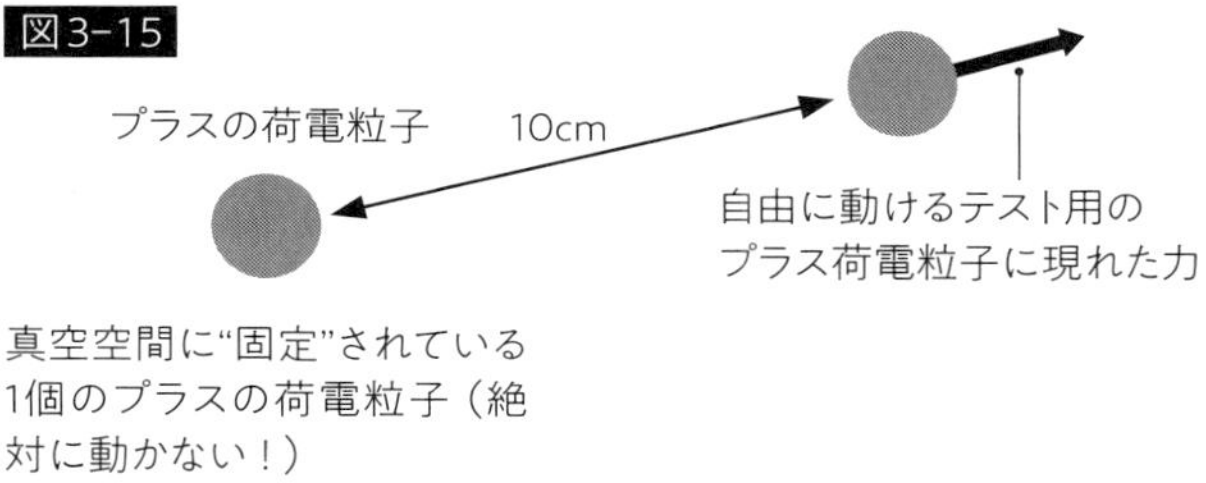

を隔てて配置します。ＡとＢの電荷の符号が違っていたら、二つの荷電粒子の間には真空空間を通して電気引力が働きます（図３－12）。一方、二つの荷電粒子がともに同符号の電荷をもつ場合には、やはり真空空間を通して、こんどは電気反発力が働きます（図３－13、図３－14）。

電気引力にしても電気反発力にしても、二つの荷電粒子が近づけば近づくほどその力は強まり、逆に離れれば離れるほど弱くなります。

次に、たった１個のプラスの荷電粒子を真空空間に置いてみます。この荷電粒子は、真空に〝固定〟されており、〝動けない〟ものと「仮定」します。いったいどうやって真空に固定するのかですって？思考実験における仮定ですので、どうか気になさらないよう。

この真空に固定されたプラスの荷電粒子の他に、別個に用意した自由に動ける〝テスト用〟のプラスの荷電粒子を考えます。このテスト用荷電粒子を、固定されている１個のプラスの荷電粒子から10㎝離れたところにそっと放してやります（図３－15）。すると、二つの荷電粒子の間に電気反発力が現れ、その結果、テスト用荷電粒子は加速さ

図3-16

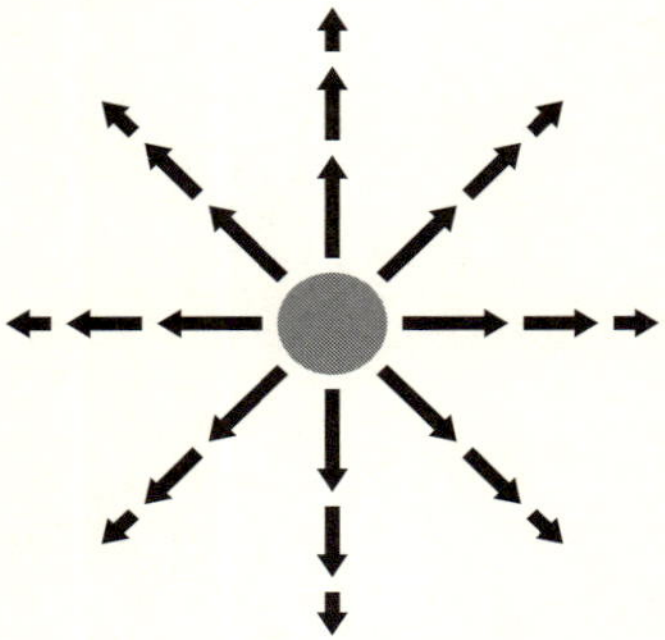

個々の矢は、各点に置かれたテスト用荷電粒子に作用する電気反発力を表す。中心に固定されている荷電粒子はテスト用の荷電粒子ではない！　各点に置かれたテスト用荷電粒子は省いてある。矢の長さは、中心の固定された荷電粒子から遠のくにしたがって短くなり、これは、遠くに離れるほど電気力が弱まっていくことを示す。実際には点が無限個あるので、中心から放射状に無数の矢が描かれる。

れながら、固定された粒子から遠ざかる方向に動きます。図3－15に描かれた矢印は、テスト用荷電粒子に作用する電気反発力の方向と強さを表しています。

図3－15において、どこに置こうともテスト用荷電粒子は電気反発力を受け、その置かれた点に電気反発力を表す〝矢〟を描くことができます。置かれた点が固定されている荷電粒子に近いほど矢の長さは長く（電気反発力が強く）、遠のくほど矢の長さは短く（電気反発力が弱く）なります。

固定された荷電粒子のまわりには、点が無数に（無限個）存在しています。各点に置かれたテスト用荷電粒子に働く電気反発力は矢で示されるので、図3－16のようなイメージを描くことができます。ここで、各点に置かれた無数のテスト用荷電粒子は、温度場の説明の際に部屋中に設置された1000個の温度計に相当します。

紙面の制約上、２次元で描かれている図３－16ですが、実際には３次元の立体図であることを理解してください。これら荷電粒子が置かれているのは、３次元の真空空間だからです。

粒子がなくても場は存在する

ここで、読者のみなさんを思わず「うーん」と唸《うな》らせる話をします。この話をじっくり聞いていただけたら、場の概念が容易に理解できることでしょう。

先ほどの思考実験において、中心に固定されているプラスの荷電粒子を、まだみなさんに見られる前に私が覆《おお》い隠してしまいます。あなたには、そこに何があるのかさっぱりわからない状況です。この、固定されている荷電粒子が見えない状態のまま、先に話した実験を繰り返します。すなわち、テスト用プラス荷電粒子を空間の各点に置いてみるのです。テスト用荷電粒子は、みなさんにもハッキリと見えています。

真空空間中の任意の点にそっと放されたテスト用荷電粒子は、置かれたとたんに動き出します。それを目撃したあなたは、びっくりすることでしょう。まったく何もない（重力さえも存在しない）真空空間に荷電粒子をただ置いただけで、その粒子が動き出すのですよ！

静止状態から動き出すということは、速度がゼロの状態からある速度をもつようになることです。すなわち、このテスト用荷電粒子は、加速されたことになります。何度も繰り返しているように、加速の原因は「力」です。いいですか、真空に固定された荷電粒子は覆い隠されていて、あなたには見えないのです。あなたは、何もない空間の任意の点に放されたテスト用荷電粒子に対し、〝なんらかの力〟が作用していることを認めざるを得ないはずです。

この、荷電粒子に力として作用する「何か」こそ、「力の場」とよばれるのです。この場合の力の場は、荷電粒子に作用するので「電場」とよばれています。それでもあなたは、「うーん、でも、テスト用荷電粒子に作用する力は〝誰〟が与えるのだろう？」とふしぎに思うことでしょう。そこで私は、「覆い」を取り去って、そこにある固定された荷電粒子をあなたに見せます。するとあなたは、「あっ！　そうか。テスト用の荷電粒子に力を与えるのは、今まで隠されていたこの固定されている荷電粒子に違いない」と思うことでしょう。そのとおりです。

ふたたび図3-16に戻ります。この図は、中心に固定されたプラスの荷電粒子の周囲の真空空間の各点に同じくプラスのテスト用荷電粒子を置いて、それに加わる電気反発力を矢で表したものです。こんどは、中心の固定された荷電粒子だけをそのままにして、周囲の各点に置かれたテスト用荷電粒子をすべて取り去ってしまいます。そうすると、中心に固定された荷電粒子以外には何もなくなり、その周囲の空間は完全な真空になります。

それでも、図3-16に描かれているすべての矢は存在し続けているのです。ただし、これらの矢は物理的な矢、すなわち手で触れるような実際の矢ではありません。真空の各点に存在する力（電気力）を矢で表したにすぎないのです。

この矢が、真空の各点における「力の場」、すなわち「電場」を表しています。矢は全空間（真空）にわたって描かれるので、電場は全真空空間に存在することになります。そして個々の矢は、真空空間の各点に存在する電場の方向と強さを表します。電場もまた、力の強さの「量（数値）」と「方向」を併せ持つベクトル場です。

この電場は、図3-16の中心に固定された荷電粒子によってもたらされたもので、全空間にわたって無限大の彼方《かなた》まで広がっています。そして、この電場の存在する真空空間の各点にテスト用荷電粒子をもってきて放してやると、テスト用荷電粒子はその点にすでに存在している電場と作用することによって電気力を受けるのです。

図3-16において、中心に固定されているプラスの荷電粒子をマイナスの荷電粒子に置き換えると、すべての矢の方向は逆向きになり、中心に向かいます。この場合も、中心に近づくほど矢が長くなり（力が強くなり）、遠ざかるほど矢は短くなり（力が弱くなり）ます。

ある真空空間に「電場」が存在しているか否かを確認するのは簡単です。その空間のできるだけ多くの異なる点に、テスト用荷電粒子をそっと置いてやればいいのです。置かれたまま静止しているのならテスト用荷電粒子には何の力も作用していないことになり、その真空空間には「電場」は存在しないと結論づけることができます。逆に、テスト用荷電粒子がそっと放された瞬間に動き出したなら、その空間には「電場」が存在していることになります。

荷電粒子とは、正味の電荷がゼロではない粒子のことなので、単に「電荷」ということもできます。一般的に、「電荷」の周囲の真空空間には、その電荷によって作られた「電場」が現れます。電荷こそが、電場の発生源です。

ただし、電場が現れても、真空空間が真空であることに変わりはありません。つまり、「電場そのものは物質ではない！」のです。電場は、そこに置かれたテスト用荷電粒子に電気力を与える役目を果たすだけであって、物質ではありません。

最後に、二つの荷電粒子がある距離を隔てて存在している状態を考えます。両荷電粒子はいずれも、周囲の真空空間に「電場」を作り出します。それぞれの荷電粒子は相手の作った電場にどっぷりと浸かっているので、その電場と作用して「電気力」を受けます。相手の荷電粒子が作り出す電場が空間のいたるところに存在しているため、互いに離れて接触していなくとも、電場と反応して電気力を受けるのです。

つまり電場は、電気力を一つの荷電粒子からもう一つの荷電粒子へと伝達してくれるのです。電場は、接触なしに電気力を伝えます。先ほど、「なんらかの媒質を通して力が伝わる」と説明し、その「なんらかの媒質」が「場」とよばれることを話しました。ここでの「媒質」は「真空」であり、「電場」は真空を埋め尽くしますが、真空は変わらず真空なのです。

それでは磁場とは？

続いて、磁場について考えてみましょう。

その手助けとして、先に紹介した「磁気双極子」に再度、登場してもらいます。この宇宙で考えうる最も小さい永久磁石が「磁気双極子」でした。ここでは、大量の磁気双極子から構成されている永久磁石を考えます。

ふたたび、重力がまったく作用しない真空空間を考えます。そのような空間に一つの磁石を置くと、その磁石の周囲の真空空間に「磁場」とよばれる「力の場」が発生します。電荷が周囲の真空空間に電場を生み出すように、磁石が磁場を発生させるのです。磁石が生み出した磁場は、多数の「磁力線」によって〝視覚化〟できます。いや、「多数」よりも多い「無限個」の磁力線というべきでしょう。水平に置いた棒磁石の上に透明なアクリル板を載せ、その上から「鉄粉」を撒《ま》き散らします。

鉄粉はたくさんの「鉄の粒」からできています。鉄は磁石になりうる強磁性体なので、磁石に強く反応します。鉄粉を撒き散らした後、そのアクリル板を軽くトントンと振動させると、鉄粉

図3-17 鉄粉が描く幾何学的模様

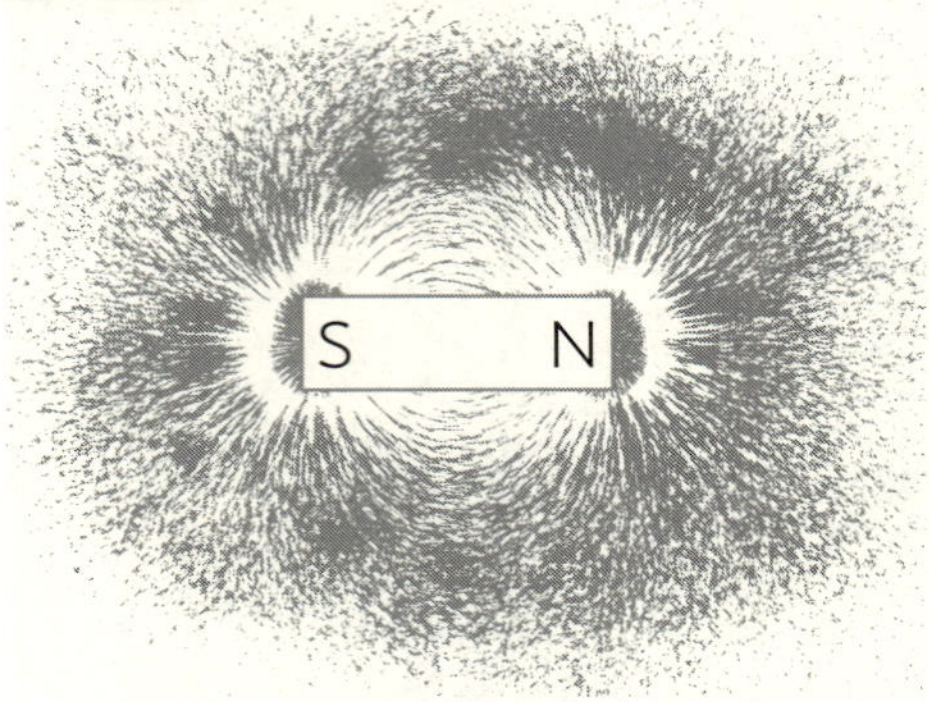

中心にあるのは永久磁石（棒磁石）

はアクリル板の上で〝ある幾何学的模様〟を形成します（図3－17）。

　この幾何学的模様は、たくさんの「線」から構成されていることがわかります。個々の鉄の粒は、そのいずれか1本の線上にあります。個々の鉄の粒をつなぎ合わせると、無数の線が描かれます。これが「磁力線」です。個々の鉄粉は磁石によって磁化され、小さな棒磁石になっています。このために、磁力線に沿って並ぶのです。

　一本一本の磁力線は、棒磁石のN極から出発して反対側のS極に吸収され、環状になって完全に閉じています。つまり、磁力線は磁石の中を貫通しているのです（図3－18）。磁力線どうしが交わることは決してありません。

　各磁力線が環になって閉じていることは、先に説明した「1個の磁石において、N極とS極は分離できない」事実に関連しています。図3－18は平面図ですが、実際の磁力線は3次元空間に広がっています。実際の磁力線は無数にあり、空間全体の無限大の彼方まで広がっているのです。

さて、鉄粉をすべて、きれいさっぱり取り除いても磁場は変わらず存在します。個々の鉄の粒は、温度場を得るために用いられた１０００個の温度計や、電場を確認するために置かれたテスト用荷電粒子に相当します。温度計を取り除いても温度が消えないように、鉄粉がなくても磁場は存在し続けるのです！

図3-18

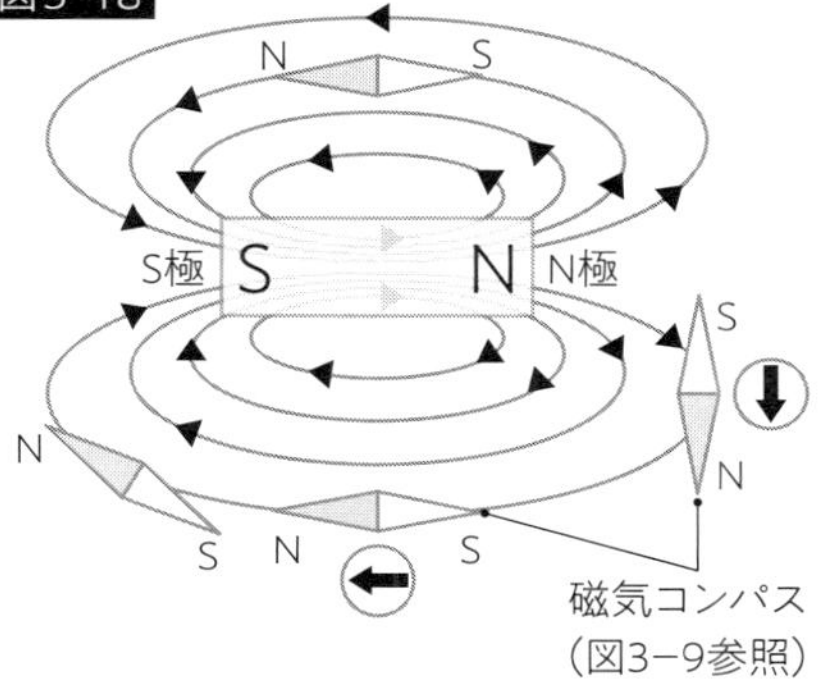

磁力線（実際は無数にあり、無限に広がっている）

図３－18に描かれた小さな磁気コンパスは、それぞれが一つの磁石になっていてＮ極とＳ極の対（ペア）を形成しています。すなわち、これもまた磁気双極子です。磁気コンパスの向きはＳ極からＮ極に向かいます。磁石のまわりの空間に置くと、磁気コンパスは必ず一つの磁力線上に〝乗ります〟。磁気コンパスの向きが、その点における磁場の方向を示します。

磁力線が密集しているところは磁場が強く、まばらになっているところは弱くなります。したがって、磁石の内部が最も強い磁場になっています。磁石から遠のくほど磁力線はまばらになり、磁場は弱まっていきます。磁石から無限大の地点における磁場の強さはゼロです。磁場もまた、電場と同様に「量（数値）」で表された強さと「方向」をもつ「ベクトル場」です。

磁場の有無はどう確認する？

電場がそこに存在するかどうかは、荷電粒子をそっと置いてみるだけで確認できました。もし電場がそこにあれば、荷電粒子が動き出すことで容易に判定できるからです。磁場の場合は少し事情が異なります。磁場の存在している真空空間に、プラスでもマイナスでもとにかく荷電粒子（あるいは単に電荷）をそっと置いてみても、何の力も作用せず、止まったままでいるでしょう。これでは、その空間に磁場があるのかないのか、まったく判断できません。

ところがです。磁場の存在する真空空間に荷電粒子（プラス／マイナスは問わない）をある速度で走らせると、事情は大きく違ってきます。走っている荷電粒子（あるいは電荷）は磁場に反応し、その運動方向に対して直角方向に「磁力」を受けます。その結果、磁場のある真空空間を走る電荷は、〝円運動〟または〝らせん運動〟をするのです（図3－19）。

その違いはどこから生まれるのでしょうか？　実は、磁力線に対して直角方向に走っている場

図3-19

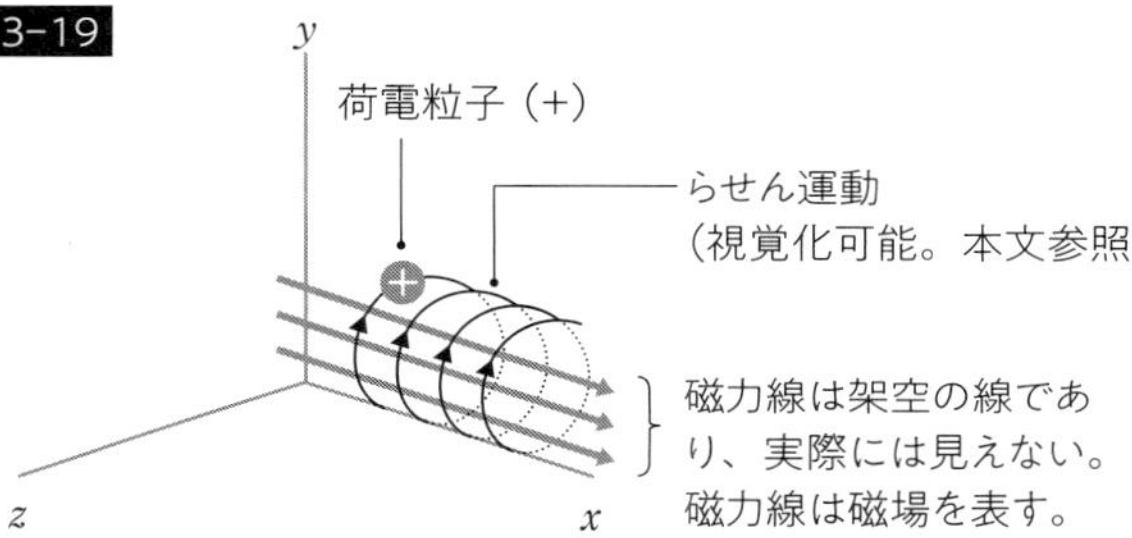

磁場（磁力線で表されている）のある真空空間で走っている荷電粒子は、らせん運動をする。らせん上に見られる矢は、荷電粒子の速度の方向を表す。

合は、電荷は同じ場所で円運動をし、磁力線に対して90度以外の角度、たとえば70度や１００度で走ると電荷はらせん運動をします。

マイナス電荷をもつ電子は荷電粒子です。ある装置を使って、真空空間中にたくさんの電子を発射すると、電子の束（電子ビーム）を作ることができます。この電子ビームを磁場の存在する真空空間に入れてやると、まさに図３－19に描かれているようにきれいならせん運動をします。

そして、磁場のある空間に少量のガスを入れておくと、個々の電子はガスを構成する原子にぶつかってこれを刺激し、電子ビームの通り道に沿って原子から可視光線が出てきます。この可視光線によって、電子ビームのらせん運動を実際に観測することができるのです。筆者がまだ10代だった学生時代、この実験を通して初めて荷電粒子の円運動やらせん運動を観察しました。その際に感じた驚異と大きな感動を、今でも鮮明に覚えています。みなさんにもぜひお見せしたい強い衝動に駆られます！

何もない真空空間に荷電粒子を走らせてみて、もしその粒子が円運動やらせん運動をしたら、その空間は磁場で満たされていることになります。一方、その荷電粒子が直線運動を続けるなら、その空間には磁場は存在していません。

話がやや飛躍しますが、磁場内で運動している荷電粒子には、磁場と反応することによって磁力が作用します。逆に、真空空間で運動している荷電粒子は、周囲の空間のいたるところに磁場を発生させるのです。つまり、「磁場」を発生させるのは「運動する電荷」ということになります。電荷が自転（スピン）していても「運動する電荷」になります。電線内を流れる電流も電荷の運動に他ならず、電流が流れている電線の周囲には磁場が発生しています。

場＝エネルギー!?

動いていようがじっとしていようが、電荷は、その周囲の真空空間の各点に電場を発生させます。そして、運動する電荷は、その周囲に磁場を発生させます。すなわち、電荷が真空空間を動くと、そこには電場と磁場の両方が同時に発生することになります。結局、どちらの場の発生にも、「電荷」が関与しているわけです。

電気力や磁力が真空空間を伝わる理由は、その空間に発生している電場や磁場が力を伝えるからです。電場や磁場が真空空間に発生していても、その空間が真空であることに変わりありません。つまり、磁場も電場と同様、物質ではないということは、電場も磁場も質量をもっていないということです。言い換えれば、電場も磁場も、その重さは正確にゼロです。これはすなわち、どちらの場も、原子や分子から構成されているものではないことになります。じゃあ、何から構成されているの？

その答えは意外に簡単で、「エネルギーから」。本書の重要な登場人物である「E」が、ここでも姿を現しました。でもまだ、こんな疑問が聞こえてきそうですね。

えっ？　電場や磁場はエネルギーってこと？　じゃあ、エネルギーってなんなの？

物体を動かし、加速させるにはエネルギーが必要です。電場や磁場は荷電粒子（電荷）に力を与えて、動かし加速させます。したがって、電場や磁場はエネルギーをもっていることになります。

この不可思議な「電場」や「磁場」の概念を最初に思いついたのは、イギリスのマイケル・ファラデー（１７９１～１８６７年）でした。ファラデーはニュートンの死後、64年が経過してから生まれています。したがってニュートンには、場の考えはなかったことになります。

電気力も磁力も「遠隔作用」は起きない

ニュートンは「万有引力」である重力を発見したとき、「遠隔作用」という概念を登場させました。一つの物体が距離を隔てたもう一つの物体に重力を及ぼす際には、両者の間にある空間を一瞬のうちに伝わり、その伝達時間はゼロであるとするものです。この考えが誤っていたことは、すでに紹介したとおりです。

そして、ファラデーが考案した「場」の考え方こそが、遠隔作用の否定に一役買っています。電場を例に、確認しておきましょう。

荷電粒子——ここでは単に電荷ということにします。プラスかマイナスかを問わず、二つの電荷AとBを用意します。電荷Aを地球上に置きます。電荷Aからは放射状に電場が発生し（90ページ図3－16参照）、月のある空間を含む無限空間の各点に電場を作り出します。電場の強さは、電荷Aから遠のくほど弱くなっていきますが、電荷Aによってもたらされた電場は確実に月をすっぽりと包み込んでいます。

しばらくしてから、電荷Bを月面上に置きます（図3－20）。電荷Bもまた、周囲の空間に電場を作り出します。そこで質問です。——電荷Bを月の表面に置いた瞬間、地球上にある電荷Aは、Bがもたらす電場を瞬時に感じるでしょうか？

図3-20

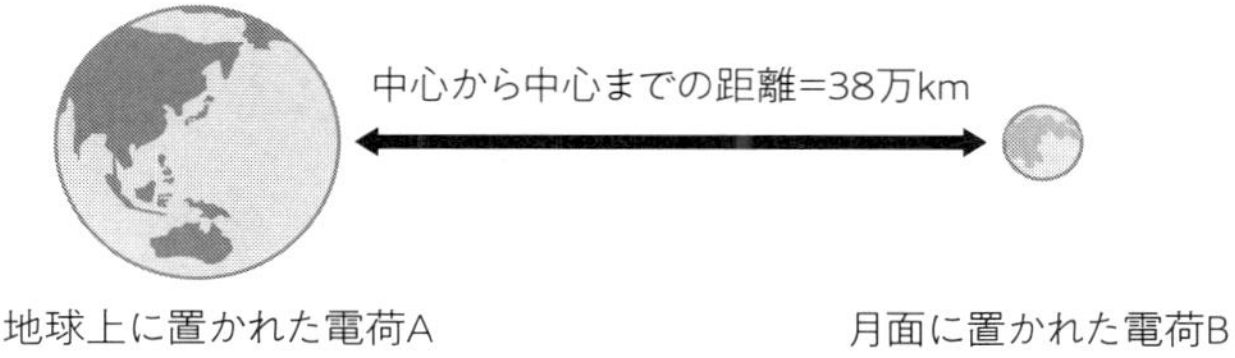

答えはノーです。少し時間的な間をおいてから、電荷Aは電荷Bの電場を感知するのです。少し？　どれくらい？

電場は、真空空間を光速度（秒速30万km）で伝わります。地球と月との距離は38万kmなので、月に電荷Bを置いた瞬間から1・3秒後に、電荷Bの作った電場は地球にたどり着きます。すなわち、電荷Aは電荷Bの生み出した電場を発生から1・3秒後に感じとり、電気力を受けることになります。これは実験的に確かめられた事実です。

「場」の概念を使うと、あらゆる力は決して空間を瞬時に、すなわち時間ゼロで伝わることなどありえないとわかります。水面に浮かぶ木の葉を動かすのに、波を利用したことを思い出してください。あなたの手が起こした水面の波は、ある時間をかけて木の葉に届き、上下運動させました。水という媒質（電気力における電場）を伝わるのに、どうしてもある時間を要するように、電気力にもまた、瞬時に伝わる〝遠隔作用〟は起きないのです。磁力の伝達においても事情は同様です。

図3-21

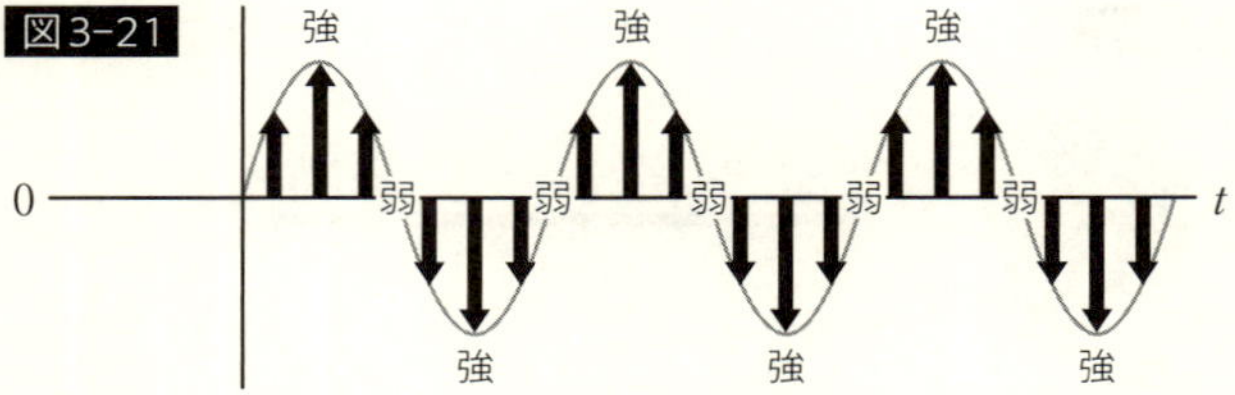

縦軸は「場」の強さを表し、横軸は時間を表す。時間は必ず進むものであるため、上の図では時間は横軸に沿って左から右へと進んでいく。すなわち、「場の強さ」は時間とともに増減している。矢はベクトルを表し、矢の長さが「強さ」を表す。矢が長いほど強く、短いほど弱い。矢の長さ（場の強さ）は時間とともに増減している。
「弱」は場の強さがゼロであることを表す。２種類の「強」がある。上向きの「強」と下向きの「強」である。

電場と磁場の振動

場の考え方についてだいぶ慣れてきたところで、さらなる場の性質についてご紹介しましょう。実は、場は振動するのです。場が振動する!? いったいどういうことでしょうか？

物体の往復運動、すなわち同じ運動の繰り返しは、「振動」とよばれます。たとえば、振り子の末端につけられた物体や、子どもが乗っているブランコは振動します。これと同様に、電場も磁場も振動できるのです。「場の振動」とはどういうものでしょうか？

電場も磁場も、数値で表された「量（強さ）」と「方向」を同時に兼ね備える「ベクトル場」でした。「場の振動」とは、その「量」の強弱が時間的に繰り返され、同時に「方向」も、たとえば「上下」あるいは「左右」に交互に変化することなのです（図３-

21)。

いったいどうすれば、「場」を振動させることができるでしょうか?

簡単です。ここでも電荷が活躍します。「運動する電荷」は、周囲の真空空間に電場と磁場の両方を同時に発生させるのでした。振動は同じ運動の繰り返しですから、たとえば荷電粒子を振り子の末端につけて往復運動させれば、電荷を振動させることができます。電荷を振動させると、周囲の真空空間に「振動する電場/磁場」が現れるのです。

電場も磁場も目に見えないので、振動している電場や磁場を観測するには、適当な電子機器を用いて、モニター画面に間接的に振動のようすを描き出さねばなりません。電場や磁場の振動には、必ず「場の強さが時間的に変化する」現象が含まれていることを忘れないでください。

磁場が電場を生み出し、電場が磁場を生み出す

電荷が振動する現象を、別の例でも見ておきましょう。

テレビ局などで使われるアンテナのような、細長い金属棒を考えます(図3-22)。金属の中には、原子に束縛されていない多数の〝自由電子〟が存在します。これら各電子(マイナス電荷)が金属棒の端と端との間で往復運動するのです。

図3-22

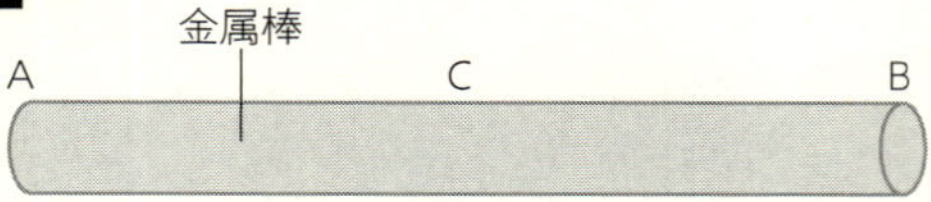

Aは左端、Bは右端、Cは中央（centerの頭文字C）

ここで、アンテナの原理をごく簡単に説明します。

アンテナを構成する金属棒内の自由電子の運動は、電子が左端のＡを初速度ゼロ（静止）から出発し、右方向に動き出すところから始まります。電子は、中央のＣに達するまではスピードアップし、加速され続けます。中央Ｃを最大速度で通過した直後に、電子は減速（スピードダウン）に転じます。だんだん遅く走るようになって、ついにはストップします。ストップするのは、右端Ｂに到達した瞬間です。

すぐその後に〝回れ左〟して（反射して）、電子は左方向に動き始めます。今回も、中央Ｃに達するまで加速され続けます。電子はふたたび、中央Ｃを最高速度で通過します（ただし、今回は左向き）。中央Ｃを通過した直後にスピードダウンし始め、どんどん減速して左端Ａでストップします。するとこんどは〝回れ右〟をして右方向に加速され、中央Ｃを最大速度で通過して……。これを何度も何度も繰り返すのです。この往復運動は、「振動」現象に他なりません。

電磁気学の教科書には必ず、「荷電粒子（電荷）が加速／減速すると、そこから〝電磁波〟が発生する」と書かれています。アンテナの内部では、電荷（電子）が加速／減速を繰り返しているので、そこからアンテナ周囲の空間に電磁波が発せられます（「電磁波」とはいったいなにか？　次項で説明します）。

アンテナ内での電荷（電子）の運動によって、周囲の真空空間に磁場が発生します。思い出してください、「電荷の運動」が磁場の源です！　ここに出現する磁場は、電子が加速／減速を繰り返しているので、図３－21のように時間的に強さと方向が交互に変化します。

ファラデーは、磁場が時間的に変化すると、その空間に電場が誘発されることを発見しました。電場の源は電荷ですが、ファラデーは、電荷がなくとも磁場が時間的に変化するだけで真空空間に電場が誘発されることを見出したのです。この現象は「電磁誘導作用」として知られ、のちに「発電機」の発明へとつながりました。現代の発電所で使われている発電機も、ファラデーの発見した電磁誘導作用に基づいています。

ファラデーの後、同じくイギリス人のジェームズ・クラーク・マクスウェル（１８３１～１８７９年）は、数学を用いてファラデーの発見した現象をすべて数式で表しました。電磁誘導作用を深く考察したマクスウェルは、「時間的に強度が変化して強弱を繰り返す磁場が真空空間に電場を誘発するのなら、逆に、時間的に強度が変化する電場は真空空間に強弱を繰り返す磁場を誘発するのではないか」ということを理論的に推測したのです。

マクスウェルは、電気と磁気は互いに独立した別個の現象ではないとして、両者を一つにまとめた「電磁気学」という学問体系を築き上げました。事実、この宇宙で起こるすべての電磁気現象は、彼の「電磁気学」に示されているとおりに起きています。ニュートンに負けず劣らずの〝偉業〟です!

電磁波——真空を伝わる波

アンテナの話に戻ります。アンテナ(細長い金属棒)の中で電荷(自由電子)が振動すると、その周囲の真空空間に「時間的に強度変化する磁場」が発生します。ファラデーによれば、そのような磁場は「時間的に強度変化する電場」を誘発します。マクスウェルによれば、その逆の現象も起こるので、まとめると次の❶〜❹のようになります。

❶細長い棒状の金属(あるいは電線)の中で、自由電子がその両端間を往復運動(加速/減速の繰り返し運動)すると、周囲の真空空間には時間的に強度変化する磁場が発生する。
❷ファラデーによれば、時間的に強度変化する磁場が真空空間に現れると、その真空空間には時間的に強度変化する電場が誘発される。
❸マクスウェルによれば、時間的に強度変化する電場が真空空間に現れると、その真空空間には時間的に強度変化する磁場が誘発される。

❹以降、❷→❸→❷→❸→❷→❸→❷……のプロセスが繰り返される。

結局、真空空間では、「磁場の時間的変化」が「時間的変化する電場」を誘発、これが「時間的変化する磁場」を誘発、さらにこれが「時間的変化する電場」を誘発……、という現象が無限に繰り返されるのです。

マクスウェルがすばらしいのは、この❶〜❹の現象を四つひと組の数式で表したことです。電場と磁場の時間的変化が104ページ図3 - 21のように波状に変化すると、この時間的に変化する磁場と電場は、真空空間を「波」となって伝わっていくのです。これが「電磁波」です。波であるからには、電磁波は「波長」と「振動数」をもっています。電場も磁場も物質ではないので、電磁波もまた物質ではなく、したがって電磁波は「真空空間」を伝わっていくことができます。

注意が必要なのは、電磁波は電子からできているのではない、ということです。では何から？ 何からもできていないのです！

そして電磁波は、エネルギーをもっています。エネルギーそのものは物質ではなく、構成要素や色、形などはありませんが、「量（数値）」で表すことができます。電磁波のもつエネルギーも量で表すことができますが、物質ではないので電磁波の重さは正確にゼロです。

ある条件下においては、電磁波を吸収した物質の物理的・化学的性質が変わってしまうなど（たとえば発光したり色が変化したりする）、電磁波は物質に変化をもたらします。明らかに電磁波はエネルギーをもっています。

光速度「c」現る！

電磁波のもつエネルギーに関しては、章をあらためて、$E=mc^2$を通してより詳しく説明しますが、ここでは、思わぬところから姿を現した光速度「c」について触れておきます。

マクスウェルの発見した電場と磁場に関する四つの方程式からは、簡単に「電磁波方程式」を導くことができます。マクスウェルは、その方程式に「電磁波の伝播《でんぱ》速度」が盛り込まれていることに気づき、実際に計算してみました。

驚いたことに、電磁波の真空空間における伝播速度は、光の速度、すなわち秒速30万kmにぴたりと一致したのです。この事実からマクスウェルは、「光は電磁波である！」という結論を導き出しました。

光には質量（重さ）がありません。電磁波は波であるため、その特徴は波長と振動数という「数値」で表されます。波長とは、波の山から山（あるいは谷から谷）までの長さであり、振動数とは1秒間に振動する振動回数です（周波数ともいう）。

先に登場したアンテナの内部では、自由電子が往復運動を繰り返し、振動していました。アンテナに送り込む電流の変化を加減することで、アンテナ内を振動している自由電子の振動数をいくらでも自由に変えることができます。つまり、電磁波には、異なった振動数をもつさまざまな種類が存在することになります。

実際に電磁波は、振動数の値にしたがって分類・命名されています。振動数の低い側から高い側に向かって、電波、マイクロウェーヴ、赤外線、可視光線（いわゆる光）、紫外線、X線、ガンマ線……と名づけられています。これらはすべて電磁波です。

ここで注意すべきは、これらすべての電磁波は、振動数や波長の値に関係なく、いずれもまったく同じ速度、すなわち光速度「c」で真空空間を伝播するということです。

電場も磁場も、その大元締めは「電荷」でした。磁場は電場を生み出し、電場は磁場を生み出します。さらに、アインシュタインの相対性理論によれば、観測の仕方によって磁場が電場になったり電場が磁場になったりするのです。

結局、マクスウェルが予見したように、電場と磁場は互いに独立した存在ではないとわかり、両者を一緒にして「電磁場」とよぶようになりました。同様に、電気力と磁力をまとめて「電磁力」とよびます。

ふたたび重力について――重力もまた、「場」を伝わる

電場と磁場、あわせて電磁場が、真空空間を伝わることを見てきました。そして、第1章で紹介したように、重力もまた、真空空間を伝わります。重力の源は「質量（m。物質の量）」であり、すべての物体は質量をもっています。

それがどんな種類のものであれ、二つの物体が、ある距離を隔てて存在しているとき、両物体間には真空を通して重力が働き、互いに加速されながらどんどん近づいていきます。ついには、二つの物体は衝突します。ただし、その両物体が、たとえば机の上に置かれたペンやメガネのようにあまりにも質量が小さい場合には、その質量が発する重力では弱すぎて机との間に生じる摩擦に打ち勝つことができず、実際に互いに近づくようすが観測されることはありません。目に見えて重力の効果を確認するには巨大な質量が必要ですが、重力は確かに「万有」です。

ここでまた、「思考実験」をしてみましょう。この宇宙空間全体に、地球だけが存在しているものとします。太陽も月も、他の星々たちもいっさい存在しない世界です。この状態では、地球はまったく重力を受けません。ただそこに、ぽつんと静止しているだけです。

そこに、突如として地球と同程度の質量をもつ巨大な物体が、地球から500万㎞離れた位置に現れたとしましょう。この巨大物体を「物体A」とよぶことにします。物体Aと地球との間に

は、互いに引き合う重力が発生します。ただし、すでに確認したように、ニュートンが構想した〝遠隔作用〟は実在せず、物体Aによって生じた重力が地球に届くには、一定の時間を必要とします。

　現在の物理学では、重力は真空空間を光速度「c」で伝わることがわかっています。光は1秒間に30万kmも走る、とてつもない速度を誇りますが、それでもあくまで「有限の速度」です。5００万kmを隔てた二つの物体間を結ぶには約17秒の時間を要します。

　電磁場を説明するにあたり、遠隔作用を否定するのは真空空間を埋め尽くす「場」の存在だといいました。ここでは、重力に対応する「重力場」がその役目を果たします。その物体がなんであれ、物体の質量（重力質量）はその周囲の真空空間に重力場という「場」を作り出すのです。

　点に近いような小さな物体の質量がその周囲の空間に作り出す重力場は、図３－23に示すように放射状となります（実際には点の数が無数

図3-23

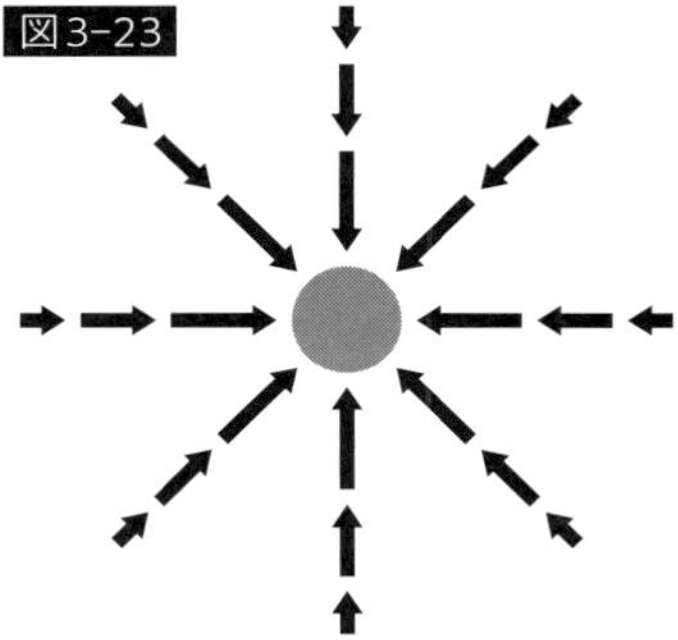

中心の質量によって真空空間に作り出された重力場。
一つひとつの矢がその点における重力場の方向を示し、矢の長さはその点における重力場の強さを表す。

にあるので、矢の数も3次元に広がり、無数になる)。このような空間に置かれた小さな質量をもつ物体は、中心の物体に重力を通して引きつけられますが、それはこの空間に存在する重力場と作用して重力を受けるからです。中心の物体から遠のくほど、重力場は弱くなり、受ける重力も小さくなります。

電磁場と同じく、重力場もまた物質ではありません。すなわち、原子や電子から構成されているわけではありません。そして、重力場が存在していても、真空空間は真空のままです!

重力と電磁力の力量差

さて、与えられた真空空間に重力場が存在するかしないかをチェックするためには、どうすればいいでしょうか? きわめて簡単です。まったく電気を帯びていない電気的に中性な物体を、そっと置いてみればいいのです。

置いた瞬間からその物体が独りでに動き出し、どんどん加速されていったなら、その真空空間には重力場が存在します。地球上で、物体をある高さから手放したら、まさにその瞬間から落下してどんどん加速されていきますね。それは、地上空間に「重力場」があるからです。この場合の重力場は、地球のもつ巨大な質量によってもたらされ、地球周囲の空間を埋め尽くしています。私たちは毎日、寝ても覚めても、地球によってもたらされた「重力場」にさらされているわけです。

そして、重力場と反応できるのは、「質量」だけです。電荷は電磁場とのみ反応し、重力場とは反応しません。ただし、電荷は必ず、なんらかの粒子に付随して存在しています。たとえば、電子や陽子のように。電子や陽子は、当然ながら質量をもっています。電荷を有する粒子を「荷電粒子」とよびましたが、すべての荷電粒子は質量をもっています。

したがって、電子や陽子に代表される荷電粒子は、電磁場にも重力場にも同時に反応すること
になり、電磁力と重力の両方の影響を受けます。面白いことに、この二つの力には圧倒的な〝力量差〟があり、電磁力のほうが重力より断然強いのです。その差は、摩擦電気によって生じる電気力が、巨大な地球質量によって生じる重力を上回るほど歴然としています！　この力の差から、電磁力と重力の効果を容易に区別することができます。

マイナスの重力⁉

重力と電磁力には、力の強弱の他にもう一つ、大きな違いがあります。

電磁力に「引力」と「反発力（斥力）」の２種類があるのとは対照的に、重力には「引力」し

かないのです（すなわち、マイナスの重力は存在しない）。

電磁場を生み出す電荷には「プラス電荷」と「マイナス電荷」がありますが、宇宙全体で見ると「プラス電荷の量」と「マイナス電荷の量」は同じです。したがって、宇宙全体ではプラスとマイナスが相殺されて正味の電荷はゼロになっています（もちろん、宇宙をきわめて小さな領域に分けてみると、その局地的《ローカル》な部分の正味の電荷は必ずしもゼロではありません）。

これは、見方を変えると、大局的《グローバル》に宇宙全体を見た場合に、電磁場が事実上、存在していないということができます。

対して、重力の源である重力質量には、プラスの値しか存在しません。マイナスの質量はいまだかつて観測されたことはありませんし、理論的見地からもその存在は〝理不尽な〟事態を引き起こします（たとえば、マイナスの質量をもつ物体は重力に逆らって加速される、など）。マイナスの質量が存在しない以上、プラスとマイマスで相殺するなどということは起こりようがなく、大局的に宇宙を見ると、宇宙空間に存在している場は「重力場」ということになります。

同様に、電磁力が相殺されていることを考えると、「宇宙全体に作用している力は重力である」ということができます。したがって、宇宙空間全体においては、「重力場」だけを考えればよいことになります。宇宙は、重力によって牛耳られているのです。

そしてそのことを、誰よりも深く考え抜き、独自の重力理論を打ち立てたのが、誰あろう、アインシュタインでした。本書の主役である$E=mc^2$の生みの親です。

＊

原子を構成する基本粒子である電子と陽子は、質量の他に「電荷」を兼ね備えています。この電荷が、電気力や磁力（電磁力）を生み出し、さらには電場や磁場（電磁場）を周囲の真空空間に発生させます。もし電子や陽子に電荷が備わっていなかったなら、原子は構成されなくなってしまい、したがって分子の構成も不可能となり、ひいては有機体、そして生命体の誕生もありえなかったことになります。

ある意味で、物理学と他の科学（生物学や化学）を取り結ぶのが、「電荷」の存在であるといえます。本章では、この電荷に注目しながら、力と場のからくりについて詳しく見てきました。

次章以降で、この宇宙を司るさらなるからくりを解き明かしていくことにしましょう。

第4章
「人間が感知できない世界」のからくり
——“秘められた物理法則”と光子のふしぎ

$E=mc^2$につながる「秘められし力」

前章では、「電磁力」と「重力」の2種類の力を紹介しました。いずれも自然界を支配する物理法則におけるきわめて重要な力であり、ともに真空中に存在する「場」を介して伝わる共通項をもっていました。

電磁力の大元締めは「電荷」であり、重力の源は「質量」であったわけですが、質量はすなわち、「重力荷」ということになります。以降、「力の源」を単に「荷《か》」とよぶことにします。

電磁力と重力にはさらに共通した性質があり、どちらの力も距離に依存し、「荷」から遠のくほど弱くなっていきます。そして、両者の及ぼす力がゼロになるのは、ともに「荷」から無限大の距離にある点においてです。つまり、電磁力も重力も、その力の及ぶ範囲は「無限大」ということになります。だからこそ、適当な装置を使うことで、私たちはこの二つの力の存在を容易に感じとったり、測定したりすることができるのです。

ところが、自然界には、さらに2種類の重要な力が存在します。そしてこの両者は、電磁力や重力とは決定的に異なる性質をもっています。日常生活のレベルにおいて、私たちの五感では決して感知することのできない、いわば〝秘められた〟力なのです。さらには、本書のメインテーマである$E=mc^2$とも深いつながりをもつというのですが……？

いったいどんな力たちなのか、じっくりと探っていくことにしましょう。

3色に塗り分けられた「強い力」

〝秘められた力〟といいましたが、それはどこに秘められているのでしょうか？ 日常生活において決して感知できないとなると、まず頭に思い浮かぶのはきわめて微小なミクロの世界です。果たして、これから紹介する二つの力はいずれも、ごくごく狭い領域でその効果を発揮するタイプの力です。

第1章で紹介したように、素粒子には内部構造が存在せず、空間的な広がりのない〝点粒子〟として扱われています。点の体積は正確にゼロです！ 真空空間のごく一部の領域に限っても、点の数は無限個あります。これが、物理学のいう「点」の意味です。

65ページ図3－1に示したように、原子の構成要素の一つに「電子」があります。原子の中心には「原子核」があって、それはいくつかの陽子と中性子がぎっしりと詰め込まれたように構成されています。つまり原子は、電子、陽子、中性子の3種類の粒子から成り立っているわけですが、このうち電子は内部構造をもたず、素粒子そのものです。

一方、陽子と中性子は素粒子ではありません。どちらにも内部構造があり、ともにさらに基本

図4-1

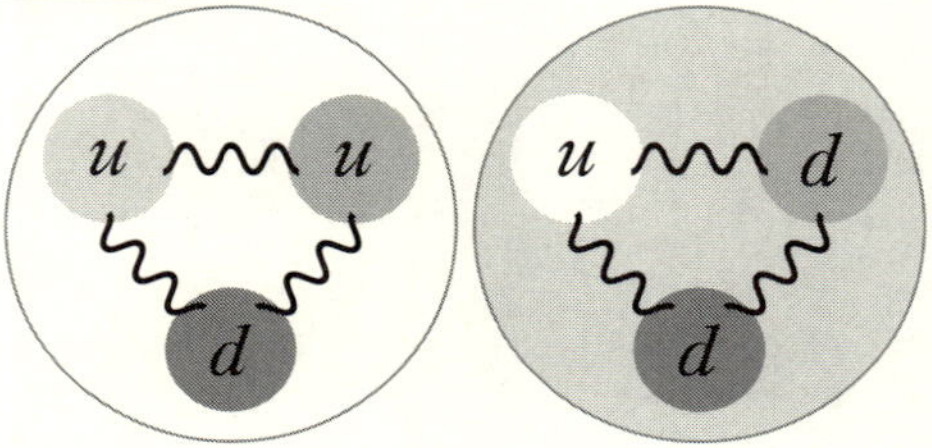

陽子（u-u-d）　中性子（u-d-d）

u はアップクォークを表し、
d はダウンクォークを表す。

的な粒子である「クォーク」から構成されているからです。

陽子も中性子も、三つのクォークから組み立てられています。これらのクォークには2種類あり、「アップクォーク」と「ダウンクォーク」とよばれています。便宜上、アップクォークは「uクォーク」、ダウンクォークは「dクォーク」と書くことにします。現在の物理学では、クォークは内部構造をもたない素粒子と見なされています。

さて、図4-1に示すように、陽子は二つのuクォークと一つのdクォークからできており、中性子は一つのuクォークと二つのdクォークからできています。陽子は（u-u-d）、中性子は（u-d-d）と表します。

そして、陽子や中性子の内部で、これらクォークどうしを強く結びつけているのが、〝秘められた力〟の一つである「強い力」です。「クォークどうしを強く結びつけている」という役割からもわかるように、「強い力」は引力です。

この謎めいた力の「荷」——すなわち、電磁力における電荷、重力における質量（重力荷）に相当するもの――はなんでしょうか？　興味深いことに、「強い力」の源は、「色荷《しきか》（カラー荷）」とよばれています。そして、この色荷には3種類あるのです。なぜ3種類も!?

謎解きは「光の三原色」にあります。光の三原色とは、それぞれ赤、青、緑の色をした光を指し、これら3色をさまざまな割合で混ぜ合わせることで無数の色を作り出せることから「三原色」の名が与えられています。そして、これら三つの色の光を等しい量で混合すると「白色」あるいは「無色」になります。

各クォークは、三原色にちなんだ3種の「色荷」、すなわち「赤の色荷」「青の色荷」「緑の色荷」をもっています。この「色荷」こそがクォーク間に「強い力」をもたらし、その結果、陽子や中性子の中で三つのクォークが強く結びつけられているのです。ただし、色荷に使われる「色」は、日常生活における色とは根本的に意味合いが異なります。3色合わせると白色＝無色となる「三原色」のアナロジーを使うことで、都合よく「強い力」を説明できることから、あくまで比喩的に用いられているのです。

たとえば陽子の場合には、三つのクォークは「青のuクォーク」「赤のuクォーク」、そして「緑のdクォーク」から構成されています。つまり、陽子内の三つの「色」をすべて足し合わせると「無色」になります。そして、面白いことに、3色の合計が「無色」になるかぎり、三つのクォークのカラーは互いに置き換えることが可能です。陽子は（u-u-d）ですから、次の三つのクォークの組み合わせはいずれも無色となります。

❶赤の u クォーク、青の u クォーク、緑の d クォーク

❷青の u クォーク、緑の u クォーク、赤の d クォーク

❸緑の u クォーク、赤の u クォーク、青の d クォーク

同様に、中性子（u－d－d）の場合も、全部の色を足し合わせると無色になるかぎり、三つのクォークそれぞれは、どの色でも自由に選ぶことができます。

陽子も中性子も、自らを構成する三つのクォークの色を足し合わせて無色になる場合が、最も安定な状態となります。「最も安定な状態」とは、各クォークが決してバラバラになることはなく、陽子や中性子の内部にガッチリと閉じ込められている状態です。逆にいえば、陽子や中性子から、単独のクォークを取り出すことはできません。「強い力」によって結びつくとき、クォークは必ず、全体の合成カラーが無色になるように結合します。

陽子どうしはなぜ、電気反発力でバラバラにならないか

さて、第二の〝秘められた力〟の正体に迫る前に、解明しておかなければならない謎が残っています。図4－2に示す、原子核の構造を確認してください。

原子核の中には、プラス電荷をもつ陽子がいくつも入っており、各陽子の間には、かなり強い電気反発力が作用しています。電気反発力があるにもかかわらず、なぜ多数の陽子が原子核内に留まっていられるのでしょうか？

これは明らかに、陽子間の電気反発力をはるかに上回る〝強い引力〟が作用していることを示唆しています。この力は、日本人ノーベル賞受賞者第一号である湯川秀樹博士によって解明されました。湯川博士によれば、陽子や中性子の間で「パイオン」と命名された粒子がキャッチボールされることで、電気反発力を上回る引力が現れています。図4-3に示すように、キャッチボールされるパイオンには、電気的にプラスのパイオン、マイナスのパイオン、そして中性のパイオンの3種があります。

図4-2　原子核のイメージ図

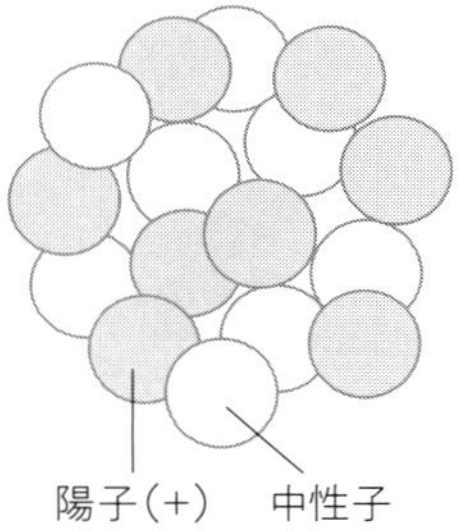

この、パイオンによって生み出される引力は、「核力」とよばれます。非常に興味深いことに、パイオン自身もまた、クォークから構成されています。1個のパイオンは2個のクォークからできており、その二つのクォークの色を足し合わせて無色にするために、ある独特な組み合わせをとっています。一方はクォークで、他方は反クォークになっているのです（この「反」の意味については、第5章で解説します）。

図4-3

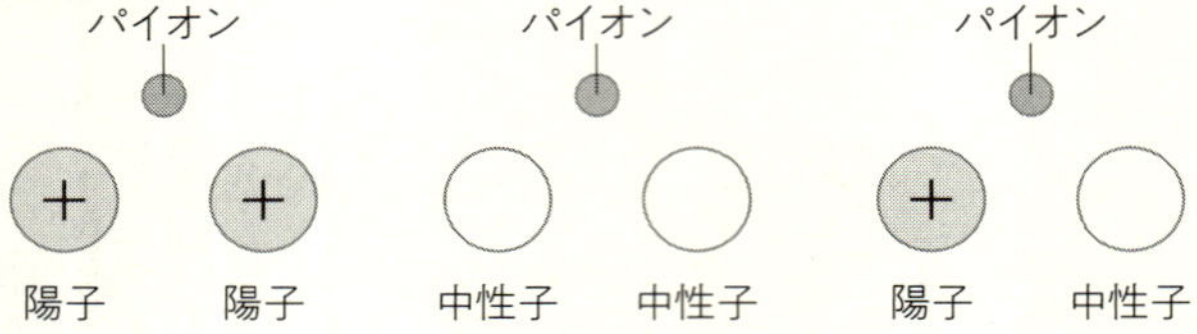

パイオンの交換が強引に「核力」＝引力を生み出す。

たとえば、あるパイオン内の一つのクォークが赤だとすると、もう一つのクォークは赤の補色で青緑になっています。補色関係にある赤と青緑を混ぜると無色になります。

パイオンがクォークからできていることを考慮すると、「核力」もまた「色荷」によって生じる「強い力」に由来することになります。「核力」は、「強い力」の二次的な現れなのです。

さらに興味深いことに、パイオンによって陽子や中性子が結びつけられて構成される原子核の質量は、その構成要素である陽子と中性子の質量すべてを足し合わせた合計よりも小さくなっています。「質量欠損」とよばれるこの現象が生じる原因もまた、$E=mc^2$にあります。どういうことでしょうか？

陽子や中性子は、パイオンが生み出す核力によって、ごくごく狭い領域に押し込められています。これらが互いに離れてしまわないよう結びつけている「結合エネルギー」が$E=mc^2$を通して質量化される際のmの値が、質量欠損によって欠けた質量と等しくなっているのです。

このような$E=mc^2$の働きは、化学反応においても生じています。エネルギーの増減には必ず質量の増減が伴いますが、それはすべて、$E=mc^2$の仕業なのです。

さて、電磁力や重力がその影響力を及ぼす範囲は「無限大」でした。これとは対照的に、「強い力」や「核力」は電磁力や重力に比べて桁外れに強いにもかかわらず、その空間的な到達距離はきわめて短くなっています。「強い力」や「核力」は事実上、原子核内の領域にしか存在せず、その到達距離は10兆分の１㎝程度にすぎません。10兆分の１㎝は、ちょうど原子核の大きさと同程度です。

65ページ図３－１を見ればわかるように、すべての電子は原子核のはるか外側を周回しているので、「強い力」や「核力」を感ずることはできません。もっとも、電子はそれ自体が素粒子であって、陽子や中性子のようにクォークからできているわけではないので、そもそも原子核内に作用するものであるこれらの力の影響を受けることはありません。仮に原子核の中に入り込んだとしても、電子が「強い力」を感じることはまったくないのです。

自然は高エネルギーを嫌う

いよいよ、第二の〝秘められた力〟の登場です。この力のからくりは、$E=mc^2$と直接、関わりをもっています。

第3章で述べたように、中性子（$u-d-d$）は陽子（$u-u-d$）に比べ、ほんのわずかばかり大きな質量をもっています。すなわち、uクォークに対し、dクォークはいくぶん質量が多いことを意味しています。

ここに、$E=mc^2$が登場します。前述のとおり、Eはエネルギー、mは質量、cは光速度（秒速30万㎞）をそれぞれ示しています。このシンプルな方程式は、質量はエネルギーに転換できること、またその反対に、エネルギーは質量に転換できることを意味しています。前者は「質量のエネルギー化」であり、後者は「エネルギーの物質化」です。

つい先ほど、「dクォークはuクォークよりも多くの質量をもっている」といいました。これを$E=mc^2$にあてはめると、dクォークのほうがuクォークよりも多くのエネルギーをもっていることになります。すなわち、中性子のほうが陽子よりも、いくぶん多くのエネルギーをもっているということです。

陽子よりも重く、エネルギーの高い中性子は、陽子に比べ不安定です。自然は「エネルギーの高い不安定な状態」を嫌い、「エネルギーの低い安定な状態」を好みます。そのため、中性子1個を机の上に置いておけば（どう置くかは問わないこと！）、より不安定な中性子は平均15分で、より安定な陽子へと変化します。

ではなぜ、エネルギーの高い状態はエネルギーの低い状態より不安定なのでしょうか？　重力ポテンシャルエネルギーを例にとると、容易に理解することができます（図４－４）。

水平な地面の上に置かれた円錐のてっぺんに、ちょうどバランスがとれた状態でボールが置かれています。バランスがとれているとはいえ、この状態がきわめて不安定であることは一目瞭然です。ちょっとでもバランスを崩せば、ボールはあっという間に地面に向かって転げ落ちるからです。

[illegible]　これまでに、物理学的な説明になっていません。ボールと地球との間に生じている重力ポテンシャルエネルギーを使って説明する必要があります。重力ポテンシャルエネルギーは、「ボールの置かれている高さ」に比例します。ボールの位置が高いほど重力ポテンシャルエネルギーは高く、低いほど低くなります。

説明の都合上、地面の高さを基準とし、地面における重力ポテンシャルエネルギーをゼロとします。物理学では、ポテンシャルエネルギーが高いほど不安定となり、逆にポテンシャルエネルギーが低いほどより安定となることが示されます。

図４－４において、ボールが円錐のてっぺんに置かれているとき

図4-4

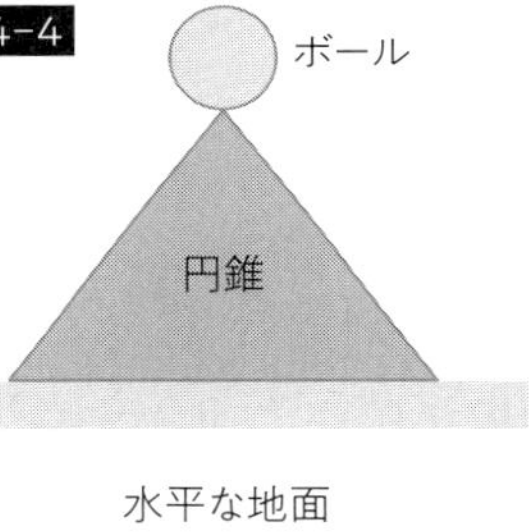

は、重力ポテンシャルエネルギーが高いために不安定であり、ボールは自らより安定な、ポテンシャルエネルギーの低い状態を求めて動き出します。地面の位置が最も重力ポテンシャルエネルギーが低いので、ボールは最も安定な地面めがけて独りでに動き出し、転げ落ちるのです。

自然界は一般に、エネルギーの高い不安定な状態を嫌い、エネルギーの低い安定な状態を好みます。エネルギーが高い状態にある場合には、より安定な状態を求めて、エネルギーの低い状態に移ろうとするのです。

粒子の種類を変える「弱い相互作用」

$E=mc^2$を通して、質量の大きな素粒子ほど、エネルギーが高い状態にあります。dクォークは、uクォークより多くの質量をもっているためにそのぶんエネルギーが高く、uクォークは質量が小さいぶんエネルギーが低くなっています。つまり、dクォークはuクォークよりエネルギーが高く、より不安定であるために、エネルギーが低く、より安定したuクォークに変換されやすいのです。

その結果、dクォークはuクォークに姿を変えるのですが、その一連のプロセスを「弱い相互作用」とよびます。「弱い」と称される理由は、dクォークがuクォークに変容するとき、その

図4-5

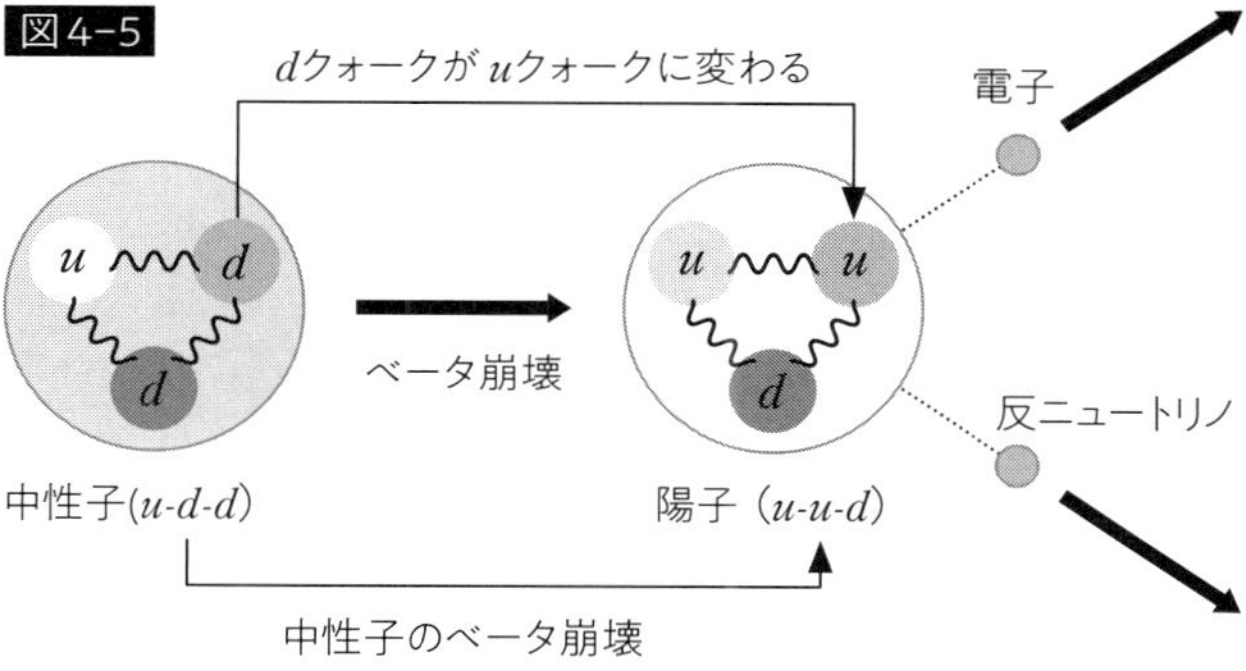

「弱い力」が作用してdクォークがuクォークに変わり、その結果、中性子（u-d-d）は陽子（u-u-d）に変化する。このとき、電子と反ニュートリノが生成され、外に放り出される。
この図が、放射性物質が放射線（電子線）を出す基本的な過程を示す。

変化を促すために「弱い力」が働くからです。この「弱い力」こそ、第二の〝秘められた力〟です。「弱い力」によって生じる「弱い相互作用」は、$E=mc^2$を通してクォークの種類が変化する現象であるといえます。ポイントは、新たな粒子が生まれるのではなく、既存の粒子の種類が変わるという点にあります。

「弱い力」の作用によって、中性子（u－d－d）が陽子（u－u－d）に変化することを、中性子の「ベータ崩壊」といいます（図4－5）。ここで「崩壊」とは、エネルギーを下げてより安定な状態に移るために、別種の粒子に変わってしまうことを指します。

原子核内には、いくつもの中性子が入っています。特に、中性子が過剰な状態にある原子核では、中性子の数を減らそうとして、そのうちの1個がベータ崩壊を起こし、陽子に変容します。その結果、中性子が1個減って、陽子が1個増えます。このとき必ず、電子と反ニュートリノが外部空間に放り出されます（反ニュートリノはニュートリノの反粒子。反粒子については、第5章で詳述します）。

注意が必要なのは、これら放出された電子と反ニュートリノは、原子核内にもともと存在していたものではないということです。すなわち、電子も反ニュートリノも、「弱い相互作用」によって「創生」されたことになります。この、粒子が創生される現象もまた、$E=mc^2$のからくりを解き明かす重要なファクターになります（第5章参照）。

きわめて弱い「弱い力」

さて、個々の原子の名前は、各原子核内に存在する陽子の数によって決定されます。陽子1個の原子は水素原子、陽子2個の原子はヘリウム原子、陽子3個の原子はリチウム原子、……陽子92個の原子はウラン原子、といった具合です。ベータ崩壊によって原子核内部の中性子1個が陽子に変わってしまうと、陽子の数が1個増えることになり、原子の名前も変更を余儀なくされます。すなわち、別種の原子へと変わってしまうのです。

ベータ崩壊は確率的に起こる現象ですが、必ず電子と反ニュートリノの放出を伴います。ベータ崩壊を起こす同種の原子核（および原子）から構成されている物質は、それら数多くの原子核がベータ崩壊を起こすために、数多くの電子と反ニュートリノを外部に放出します。ベータ崩壊から放出されたたくさんの電子は「ベータ線」とよばれ、放射線の一種です。電子は（マイナス）電荷をもっているために、ベータ線が人体に入り込むと細胞を攻撃します。

「強い力」の到達距離は10兆分の１㎝ほどで、ちょうど原子核の大きさと同程度でした。「弱い力」の到達距離は、その名のとおりさらに短く、「強い力」の約１０００分の１ほどしかありません。すなわち、「弱い力」も「強い力」と同様、原子核の内部にしか作用しません。弱い力を担う「荷」は、「弱荷《じゃくか》」とよばれています。

結局、「強い力」も「弱い力」も原子核の内部にしか存在しないために、到達距離が無限大である「電磁力」や「重力」のように日常生活において実感／観測することができないのです。

かつて「力」は一つだった

前項までで、この自然界に存在する基本的な四つの力をすべて紹介しました。これら四つの力はいずれも、真空空間に存在する「力の場」を伝わります。

❶電磁力
❷重力
}長く知られている人類に馴染み深い力。力の及ぶ範囲は無限大。

❸強い力
❹弱い力
}直接観測することのできない馴染みの薄い力。原子核の内部にしか存在しない。

2018年1月末現在、この四つの力以外の力は見出されていません。力の強い順に並べ直した図4-6で、あらためてそれぞれの力の特徴を確認しておきましょう。なお、この図では、「力の強さ」の比較に際して、重力の強さを1としています。また、ここでいう重力は宇宙スケールにおけるものではなく、原子レベルでの重力です。原子レベルにおいては、原子を構成する粒子の質量が小さすぎるため、近距離であっても重力は極端に弱いことに留意してください。そのため、「原子物理学」や「原子核物理学」、「素粒子物理学」では重力は無視されています。

四つの力で最大となる「強い力」の強さは、重力の強さの10^{40}倍もあります。

10^{40}=10000000……0000000000

ゼロが40個並ぶ

「強い力」がいかに強く、重力がいかに弱いかが実感できるでしょう。

もし、「強い力」と「電磁力」、そして「弱い力」の三つが存在しなかったなら、この宇宙に原

図4-6

力の種類	力の強さ	力の源「荷」	到達距離	どこに現れるか
強い力	10^{40}	色荷（カラー荷）	10^{-13}cm（原子核の直径程度）	陽子や中性子を構成するクォーク。原子核を構成する。
電磁力	10^{38}	電荷	無限大	すべての電磁気現象。原子や分子を構成する力。脳内での信号伝達。化学反応。筋肉の力。人体内の組織活動。
弱い力	10^{15}	弱荷	10^{-16}cm（強い力の1000分の1程度）	ベータ崩壊。放射性元素から放射線が出る過程。
重力	1	質量	無限大	宇宙レベルで顕著に現れる。地球、太陽系、銀河、宇宙全体。

子は生成されなかったことになります。ひいては、私たち人類も誕生することはありませんでした。また、「重力」がなかったら、現在の宇宙は存在しなかったことでしょう。

さらに、図4－6に見られるように、四つの力の強さが段階的に大きく異なっていることは、この宇宙が現在の姿のように進化してきた経緯に大きく関わっています。実は、宇宙の誕生直後においては、これら四つの力は一つの力に統一されていたと考えられています。宇宙が進化するにつれて、それぞれの力が別々の時期に枝分かれしてきたのです。

このうち、「電磁力」と「弱い力」を一つの力に統一する理論は、1967年にワインバーグ（1933年〜）とサラム（1926〜1996年）によって発表されています。「電弱理論」とよばれるこの理論によって、宇宙がまだ熱く、高いエネルギー状態にあった時代には、「電磁力」と「弱い力」は区別がつかない状態になっていたことが証明されたのです。

「光」をめぐるミステリー

さて、19世紀も終盤に差しかかるころ、物理学のからくりを解き明かすことに情熱を捧げていた科学者たちを悩ませる〝ある難題〟が持ち上がっていました。それは、「光」をめぐる謎でした。

ニュートンの功績の一つに、プリズムを通すことで、光がさまざまな色に分光する現象を発見したことがあります。太陽光が大気中の水滴を通ると各種の色に分離され、虹が現れるのもこの分光現象の一例です。逆に、さまざまな色をもつ光がすべて混ぜ合わさると無色になります。

スイスのバルマーは1885年、実験を通して水素原子からさまざまに異なった色の光（可視光）が出ていることに気づきました。ふしぎなことに、たくさんの水素原子から出てくる光を

図4-7

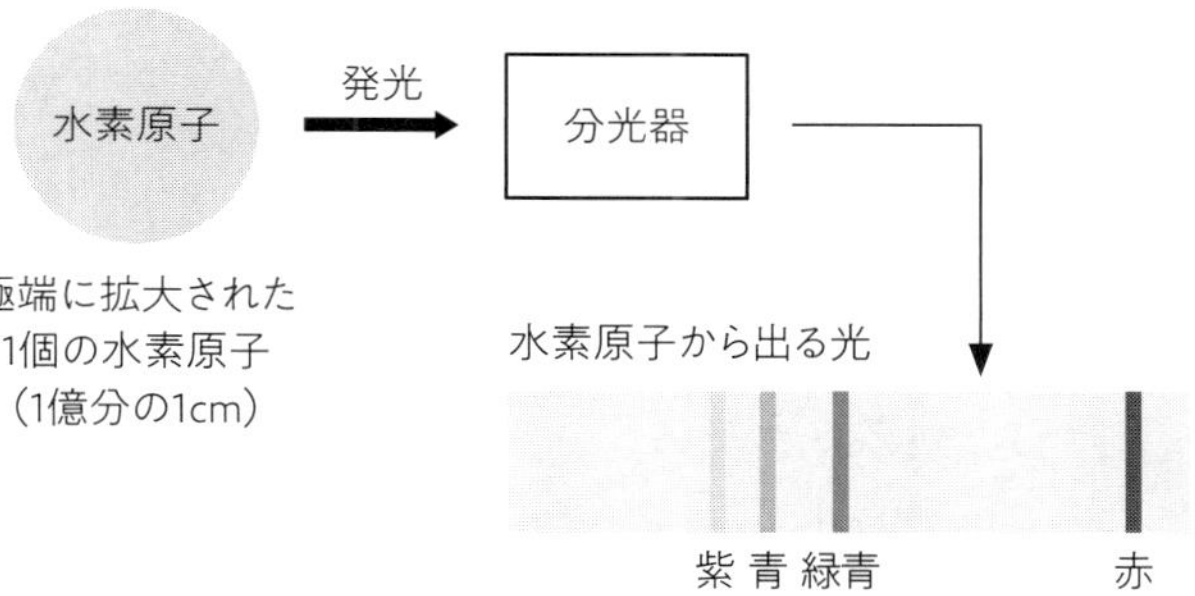

縦線で示された色のついた光（スペクトル線）は飛び飛びに現れる。実際は、たくさんの水素原子から出た光。原子1個は一度に一つの線しか出さない。

「分光器」に通して観察してみると、色のついた光はスペクトル線となって現れ、一つの色と他の色との間に空白が存在していました（図4－7）。

バルマーは同様に、他の種類の原子からも、さまざまな色をもつ光が飛び飛びに現れ、また、飛び飛びに吸収される現象を見出したのです。光はなぜ飛び飛びに現れるのか？　そもそも、原子がなぜ光を発したり吸収したりするのか？　これが大問題だったのです！

なにしろ、従来のニュートン力学やマクスウェルの電磁気学では、原子からの発光・吸収メカニズムを説明することができず、まったくのお手上げ状態だったのですから。

1900年には、ドイツのプランク（1858～1947年）が「黒体《こくたい》放射理論」を発表しました。太陽からは、電波やマイクロウェーヴ、赤外線や可視光線（いわゆる光）、紫外線にX線、ガンマ線など、あらゆる種類の電磁波が放出されており、これら電磁波はいずれもエネルギーをもっています。太陽が発しているエネルギーを電磁波が地球に運んでくれるおかげで、私たち生物は生存できるのです。

プランクの黒体放射理論によれば、すべての物体（すべての原子）が電磁波（光）を放射したり吸収したりする際に、そのエネルギーは連続的に放射・吸収されるのではなく、不連続に変化するというのです。バケツに水を注ぐ場合には、水量は連続的に増加します。バケツの中の水を捨てる場合にも、水量はやはり連続的に減少します。ところがプランクは、電磁波が物質に吸収されたり、物質から放射される場合には、そのエネルギーは飛び飛びにしか変化しないことを発見したのです。

たとえば、光のエネルギーは、2、4、6、8、10、12……というようにしか変化しないのです。2の次は4で、3ではありません。この場合、変化の間隔は〝2〟であり、物質（原子）から光が発される場合、その最小エネルギーが2、以降は4、6、8、10、12……と不連続に出てくるのです。逆に、物質（原子）が光を吸収する場合にも、2、4、6、8、10、12……のように不連続にしか吸収できません。つまり、光のもつ最小エネルギー〝2〟が分割できないため、放出に際しても吸収に際しても、一度に〝2〟ずつの量しか出し入れできないということなのです。

アインシュタインの〝奇説〟

この奇妙な現象に着目して、常識破りの新説を打ち出したのが、アインシュタイン（1879～1955年）でした。

彼は、電磁波が物質から放出されたり、物質に吸収されたりするときには、〝粒子〟としてふるまうとする「光量子仮説」を唱えたのです。この考え方は、従来の物理学からすればまさしく型破りなものでした。光（電磁波）には、「回折現象」や「干渉現象」が生じることが知られており、これら両現象がいずれも、波にしか起こらない現象であることから、光（電磁波）は間違いなく、かつ徹底的に〝波〟であると考えられてきたからです（事実、現在でもそうです！）。

ところが、光が金属に当たった際に、金属内の自由電子が外に飛び出してくる「光電効果」を説明するには、どうしても光に〝粒子〟としてふるまってもらう必要がありました。アインシュタインは、光を粒子として扱えば、光電効果はなんの矛盾もなくきれいに説明できることを示したのです。粒子としてふるまう光が、金属内の自由電子を突き飛ばすことで、外に投げ出されてくるというわけです。

このように粒子としてふるまう光は、「光子（フォトン）」とよばれています。光の粒子である

「光子」は、当然にして光速度c（＝秒速30万㎞）で空間を飛び回ります。光子という粒子は質量をもたず、したがってその重さは正確にゼロです！　つまり、電子や陽子、中性子とは異なり、光子は物質粒子ではないのです。

光を粒子として考える光量子仮説の登場によって、電磁波は「光子の集団」としてとらえることができるようになりました。結局、光は観測の仕方によって、「波」として観測されたり「粒子」として観測されたりするという結論にいたったのです。

「光子」という粒子は、電子のように質量と電荷をもつ素粒子にぶつかると、その素粒子を突き飛ばす能力をもっています。この、衝突の際に相手を突き飛ばす能力を「運動量」といいます。すなわち、光子は質量をもちませんが、エネルギーと運動量をもつ粒子であるということになります。光子のこの性質が、次章で$E=mc^2$のからくりを解き明かすにあたって、重要な役割を果たすことになります。

可視光線（私たちの目に直接、感ずる光、いわゆる〝光〟）に限って話を進めると、光量子仮説の結果、粒子としてふるまう光は「光子の集団」、すなわち「粒子の集団」と解釈されるようになりました。可視光線は私たちの目に、光子（粒子）の数が多いほど明るく映り、光子の数が少ないほど暗く見えることがわかったのです。物質と相互作用する際には、光は必ず光子（粒子）としてふるまいます。私たちの目に入って網膜に当たると、光は粒子としてふるまい、その後も粒子のまま脳まで到達するのです。

そして粒子も波になる

さて、アインシュタインの卓抜した着想によって、「光はなぜ飛び飛びに現れるのか？」というミステリーは解決を見ました。しかし、もう一つの疑問、「原子はなぜ、光を発したり吸収したりするのか？」が未解決のまま残っています。このからくりを解き明かすカギは、波だと考えられていた光を粒子ととらえ直したのとちょうど反対に、従来は粒子だと考えられていたものを波としてとらえ直す試みが握っていました。

そのカギの存在に初めて気づいたのは、フランスのド・ブロイ（１８９２〜１９８７年）です。ド・ブロイは１９２４年、従来は電磁波という「波」であると固く信じられてきた光が粒子としてもふるまうのなら、逆に「粒子」と考えられてきたものが「波」としてふるまうこともあるのではないか、という考えに基づき、「電子波」というアイデアを思いつきました。

電子には、光子とは違って質量があります。電子が波になりうるのなら、その波の波長を確認すればいいと考えたド・ブロイは、電子波の波長を表す数式を導き出したのです。結果は、驚きに満ちたものでした。電子のみならず、すべての粒子が「粒子としての性格」と「波としての性格」の両方を持ちあわせていることが判明したのです。このド・ブロイの提案に相前後するように、アメリカのベル電話研究所に所属する二人の物理学者が、「電子が波としてふるまう」ことを実験を通して確かめています。

こうして、原子の構成要素である電子、陽子、中性子のすべてが、粒子でもあり波でもあるという性質を有していることがわかりました。「波」と「粒子」の根本的な違いは、波が広がりをもって存在するのに対し、粒子は空間のきわめて狭い領域しか占めることができない点にあります。そして、歴史を振り返ると、マクスウェルの登場以前から、波というものは「波動方程式」とよばれる微分方程式を満足しなければならないことが知られていました。

ここに、物理学の歴史に画期を成す二人の科学者が登場します。オーストリアのシュレーディンガー（1887〜1961年）と、イギリスのディラック（1902〜1984年）です。二人は、質量をもつ電子が波としてふるまう際の電子波に対応する「波動方程式」を導き出したのです。そしてこの方程式が、従来の物理学を〝古典〟の位置に押しやる「量子力学」誕生の要となっていきます。

波ゆえに現れた性質――量子とはなにか

図4-8　水素原子

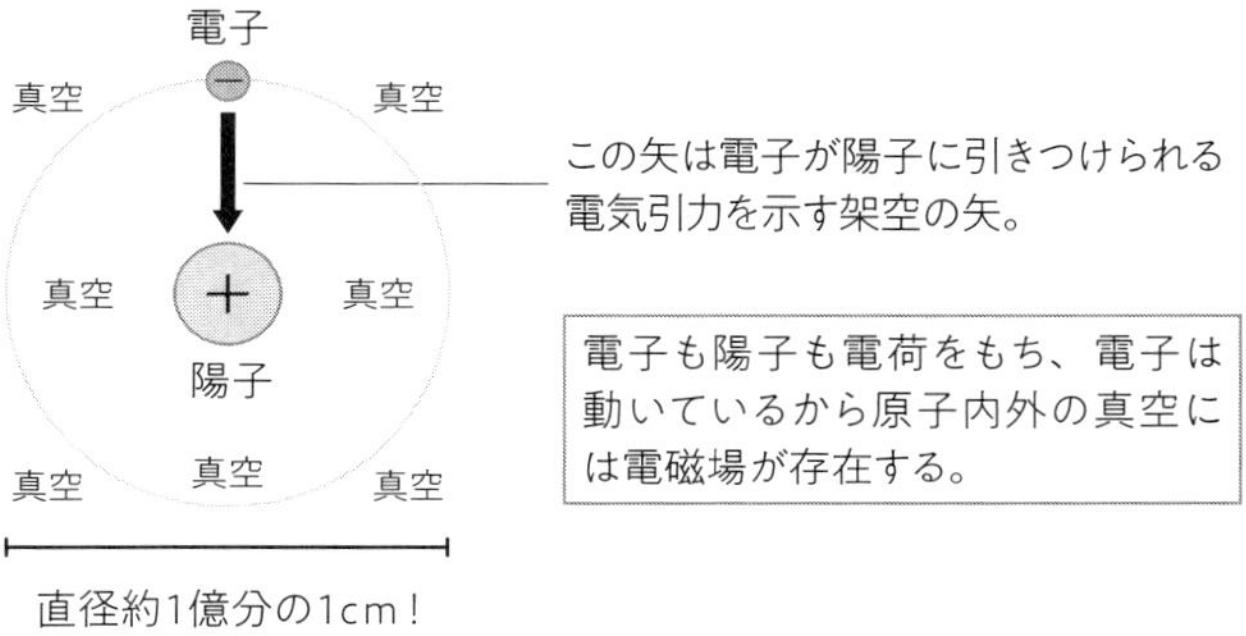
電子
真空
真空
この矢は電子が陽子に引きつけられる電気引力を示す架空の矢。
真空
真空
陽子
電子も陽子も電荷をもち、電子は動いているから原子内外の真空には電磁場が存在する。
真空
真空
真空
直径約1億分の1cm！

中心の陽子（プラス電荷）は、そのまわりを〝うろつく〟電子（マイナス電荷）よりも約2000倍ほど重い。原子は真空だらけ！　したがって、水素原子全体の重さは事実上、中心の陽子の重さに等しい。

さて、原子はなぜ、光を発したり吸収したりするのか？

あらゆる原子の中で最も簡単かつ単純な構造をもつ、水素原子を例に考えていきましょう（図4-8）。水素原子の原子核は1個の陽子から成っており、その周囲をこれまた1個の電子が回っているきわめてシンプルな構造です。中心に位置する陽子の質量は電子のそれの1836倍と、かなりの差がありますが、電荷は両者ともにまったく同じです。ただし、陽子の電荷はプラス、電子の電荷はマイナスですから、両者間には電気引力がつねに作用しています。

ここで、ポテンシャルエネルギーを思い出してください。58ページで「引っぱられたバネ」を例として登場した、「蓄えられているエネルギー」です。

量子力学が登場する以前から、水素原子の内部には、電子（マイナス電荷）と陽子（プラス電荷）が真空を通して電気引力で結びつけられていることから生じるエネルギーが存在することはわかっていました。引っぱられたバネと同様、電子と陽子の間に（電磁場による）ポテンシャルエネルギーが蓄えられているわけです。

前述のとおり、電子は、陽子に比べて圧倒的に軽いことから、簡単に動き回ることができます。この事実から、陽子に落ち込むことのないよう、電子が陽子のまわりを周回運動しているであろうことが容易に想像されていました。このように考えると、水素原子全体がもつエネルギーの総量は、電子と陽子を結びつける電気引力に起因する「ポテンシャルエネルギー」と、電子の周回運動に由来する「運動エネルギー」の和で表されることになります。

ところが、これほど簡単な構造をしている水素原子でさえ、波動方程式にあてはめるとその解法は非常に複雑で、容易には解くことができませんでした。当時はまだ、現在のようなコンピュータなどあろうはずもなく、シュレーディンガーとディラックはそれぞれ、紙と鉛筆だけを使って、手計算でこの方程式を解いたのです。

波動方程式の解には、いったい何が出てきたのでしょうか？

数式で表された電子の波（これを「波動関数」といいます）と、水素原子全体がとりうるエネルギーが現れたのです。水素原子のとりうるエネルギーにはたくさんの値が存在しますが、それらは互いに離散的（不連続）に姿を現しました。飛び飛びの値……、どこかで聞いた話ですね。果たして、水素原子のとりうるエネルギーは、最も低いものから高いものまで、飛び飛びに変化していくのです。このような状態を、「エネルギーは量子化されている」と表現します。このとき、最も低いエネルギーの値はゼロではなく、以降、一つひとつの値はそれぞれ、決してでたらめなものにはなっておらず、いずれも水素原子特有のエネルギー値になっているのです（これを「固有値」といいます）。

この結果は、水素原子内の電子が「波」としてふるまうがゆえに、水素原子のとりうるエネルギーの値は不連続に、すなわち飛び飛びにしか変化できないことを示していました。

理由は割愛しますが、シュレーディンガーやディラックの波動方程式は、野球ボールやバスケットボールなどの巨視《マクロ》的な対象物には適用できません。人間の感覚には直接訴えない（すなわち、見えない、触れない、感じない）ような微視《ミクロ》的な対象物にしか適用できないのです。このような対象物は、「量子」とよばれています。光子もまた、量子です。したがって、「粒子」は以後、「量子」と同義語になります。

「余分なエネルギー」はどこへ消えた?

ここで、本書の主人公の一人、エネルギー(E)の奥深い側面を見ることになります。「波動方程式を解くと、水素原子のとりうるエネルギーは一つだけでなくたくさん出てきて、それらの値は離散的になっている」ということでした。つまり、実際に測定する前から、水素原子のとりうるエネルギーの値はすでに決まっていることになります。

しかし、水素原子が具体的にどのエネルギー値をとるのかは、実際に測定してみるまでわかりません。狐《きつね》につままれたような話ですが、測定以前には、水素原子のエネルギーは決まっていないのです。実際に測定してみれば、すでに決まっているたくさんのエネルギー値のどれか一つになっているのですが、具体的にどの値をとるのかは、測定結果を見るまでわからないのです。

先ほど、「自然は高エネルギーを嫌う」という話をしました。水素原子も同様です。

高いエネルギー状態にある水素原子は不安定であり、より安定な低いエネルギー状態に移ろうとします。ところが、水素原子のエネルギーは飛び飛びにしか変化できないため、高いエネルギー状態にある水素原子が、低いエネルギー状態に飛び移るとき、そのぶんだけエネルギーが減少することになります。この、余分になって減少するエネルギーが重要なカギを握っています。

低いエネルギー状態に移った水素原子は、減少分のエネルギーを外部に吐き出さなければならなくなりますが、この「エネルギーの吐き出し」が、エネルギーをもつ光子の放出によって実現されるのです。光子は光の〝粒〟ですから、水素原子は結局、光を放出したことになります。

これが、137ページ図４－７に示されていた水素原子の「発光メカニズム」のからくりです。水素原子以外の原子も光を放出しますが、根本原理はまったく同じです。

「高エネルギーを嫌う」水素原子が最も安定した状態にあるのは、最も低いエネルギー値をとる場合です。最も安定しているわけですから、外部からなんの刺激も与えないかぎり、この最も低いエネルギー状態を保ったままでいます。これを「基底状態」といいます。これ以上の詳しい説明は本書の流れから逸脱しますので、他書、たとえば拙著『量子力学のからくり』（講談社ブルーバックス）を参照してください。

いずれにしても、あらゆる物質を構成している原子の内部構造は、「量子力学」の登場によって初めて、明らかにされたのです。前述のとおり、原子を構成している基本粒子は、電子、陽子、中性子の３種類しかありません。この３種の粒子で、現時点で知られている１１８種の原子はすべて構成されているのです。原子の内部構造と、原子の組み合わせから分子ができる過程はどちらも、量子力学によってのみ説明可能です。この量子力学もまた、きわめて重要な物理法則の一つです。

あらゆる量子のふるまいを律する根本原理

ところで、シュレーディンガーやディラックとはまったく異なるアプローチで、量子力学の構築に挑む若者がドイツにも存在しました。ハイゼンベルク（１９０１〜１９７６年）です。そして、波動方程式を用いない彼の手法が、$E=mc^2$の威力をまざまざと見せつける〝ある現象〟の発見へとつながっていきました。

ハイゼンベルクが用いたのは、「行列力学」とよばれるきわめて抽象的な理論でした。ほどなく、波動方程式によるアプローチと行列力学によるアプローチが、実はまったく同じ結論にいたることが判明します。

ところが、ハイゼンベルクの行列力学には、驚くべき事実が隠されていたのです。それは、この宇宙に存在するすべての量子のふるまいを律する〝奇妙な原理〟の存在でした。その名を、「不確定性原理」といいます。

不確定性原理には、次の二つの側面があります。

❶位置と運動量の不確定性原理

❷エネルギーと時間の不確定性原理

順に見ていきましょう。

まずは❶から。粒子の位置を正確に知ろうとすると、運動量が犠牲にされ、運動量の値があやふやになってしまうのです。逆に、運動量の値を正確に知ろうとすると、こんどは位置が犠牲にされ、粒子がどこにいるのかわからなくなってしまいます。すなわち、粒子の位置にも運動量の値にも、どうしても「不確定さ（あやふやさ）」が避けられず、両者を同時に、そして正確に知ることはできないのです。

興味深いことに、「位置の不確定さ」と「運動量の不確定さ」の積は一定値（もしくはその一定値以上）となり、一方が増えればもう一方は減るという反比例の関係になります。これが、「位置と運動量の不確定性原理」です。

他方、❷はエネルギーと時間の間にひそむ「あやふやさ」に関するものです。先ほど、水素原子の「基底状態」について説明しました。エネルギーが最も低く、最も安定な状態にある水素原子は、外部からなんの刺激も与えないかぎりこの基底状態を保ちます。

基底状態にある水素原子に、たとえば熱エネルギーを加えると、水素原子はそのエネルギーを吸収して高いエネルギー状態に移ります。しかし、高いエネルギー状態は不安定なため、水素原子は結局、外部にエネルギーを吐き出して（光子を放出して）、もとの最も安定な基底状態に戻ります。

問題は、水素原子がこの不安定な高いエネルギー状態を、どのくらいの時間保てるか、にあります。高いエネルギー状態を保つ時間を「時間間隔」とよぶことにすると、エネルギーが高ければ高いほど不安定さが増すため、時間間隔は短くなります。一方、水素原子が基底状態よりも高いエネルギー状態にあるときのエネルギー値は、決して一つの確定した数値にはなっておらず、「あやふやさ」が伴います。つまり、エネルギーの値に〝幅〟が現れます。

ここでエネルギーの幅とは、「最低値」と「最高値」との間の幅のことを指します。このエネルギーの幅——あるいは「不確定さ」——は、高いエネルギー状態を維持する時間間隔に依存し、時間間隔が短いほどより不確定になり、エネルギー幅が大きくなります。

逆に、時間間隔が長いほどエネルギーの値はより正確な数値に近づき、エネルギー幅は小さくなります。時間間隔が無限大の場合には、エネルギーの不確定さはなくなり、確定値になりますが（エネルギー幅はなくなり、ゼロとなる）、これはすなわち「基底状態」を表します。

「エネルギー幅（エネルギーの不確定さ）」と「時間間隔」との積は、やはり一定値（もしくはその一定値以上）で表され、一方が増せばもう一方は減る反比例の関係になっています。これが、「エネルギーと時間の不確定性原理」です。

エネルギー保存の法則が破られる!?

第二の不確定性原理である「エネルギーと時間の不確定性原理」には、きわめて興味深い事実が含まれています。

ある時間間隔内でエネルギーの値が不確定になるということは、エネルギーの値に幅が生じる結果、その幅内においてはエネルギーはどんな値でもとりうることを意味します。時間間隔が無限小になるような（事実上のゼロ秒に近い）場合を考えると、エネルギー幅は極端に広がって、最低値と最高値の差がきわめて大きくなります。具体的にどの値のエネルギーが現れるかはわかりませんが、最高値は無限大に近いほどの巨大なエネルギーになります。

〝どんな値でもとりうる〟とは、そのエネルギー値に制約がないということです。これは、不確定性原理に現れる時間間隔内に限っては、エネルギー保存の法則を破って、なんの理由もなくエネルギーが勝手に増えたり減ったりしてもかまわないことを示唆しています。

言い換えれば、「無」からエネルギーが発生することが許されるということでもあります。エネルギーが無から生まれる⁉　物理学のからくりはどこへ消えたのか？

もちろん、そのような現象が生じるのは、不確定性原理に従うきわめて短い時間間隔内においてのみであり、時間がくれば、すぐにそのエネルギーは消滅してしまいます。しかし、この事実が、$E=mc^2$をして驚くべき現象を可能にするのです。

宇宙が内在する「本質的な不確定さ」

さて、前項までに紹介した二つの不確定性原理には、「粒子が波の性質をもつ」事実が盛り込まれています。

波は、一点に集中して存在することができず、必ず「広がり」をもちます。「広がり」をもつということは、その粒子の位置があちこちに散らばって存在することを意味します。これが、粒子の位置の不確定さに結びついているのです。

「フーリエ変換」という数学的手法を「粒子の位置に対応する波」に対して用いると、粒子の運動量もまた、波として表すことができます。つまり、「粒子の位置のばらつき」が「運動量の値のばらつき」に変換されるのです。したがって、運動量の値も決して一つには定まらず、異なったいくつもの値が散らばって存在することになります。これが、運動量の不確かさに結びつきます。

同様に、「時間の不確定さ」もフーリエ変換を通して「エネルギーの不確定さ」に変換できます。これらの結論はいずれも、純粋に数学だけを使って理論的に導かれたものです。

ところがハイゼンベルクは、これとはやや違った形の「不確定性原理」を考えていました。彼の不確定性原理には、人間による「観測」行為が盛り込まれているのです。

図4-9

光子によってすっ飛ばされた電子。
どっちの方向にすっ飛ばされたかはわからない。
速度変化（運動量の変化）も不明。

波として表された光（電磁波）。本文の説明では1個の光子（粒子）になっている。電子にぶつかった後、光子はある一つの方向に散乱される。直線がたくさん描かれているが、一つひとつの直線は考えられる散乱後の光子の進む"道筋"である。光子は1個しか考えていないことを忘れずに！

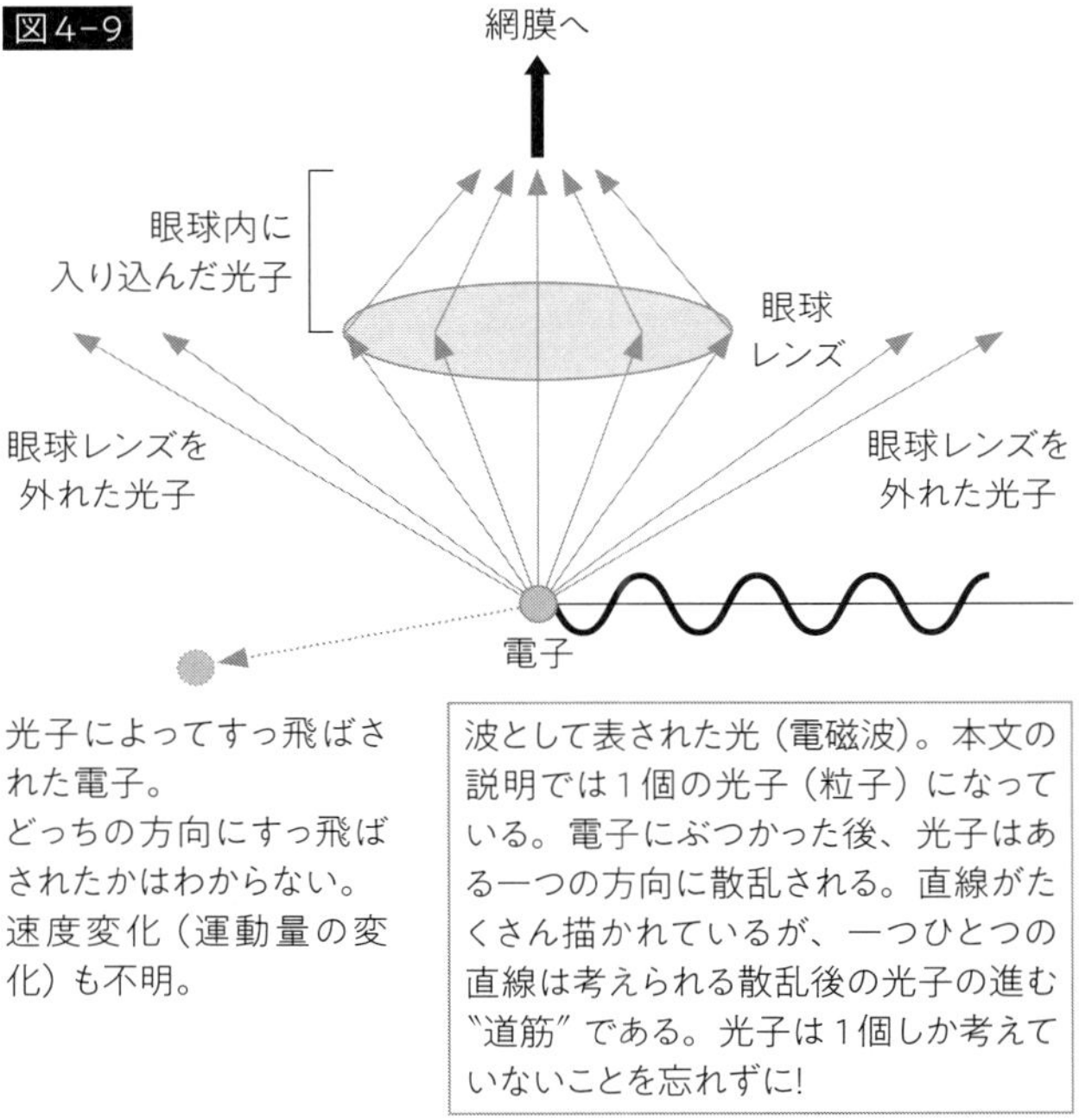

たとえば、真空空間に単独で存在している1個の電子の「位置」を測定する実験を考えてみましょう。これまた、お馴染みの「思考実験」です。

真っ暗闇では何も見えないので、電子の位置を見るためには、電子に光を照射しなくてはいけません。電子にぶつかった光は、反射します。その反射光が眼球内に入り込むことによって、私たちは初めて、電子を見ることができます（図4-9）。

素粒子である電子は、点粒子としてふるまいます。したがって、電子に対しては光を照射するよりも、量子化された光、すなわち粒子である「光子」を使うことにします。

観測前の電子は、すでに運動していて、ある運動量をもっていたかもしれません。あるいは、完全に静止していた可能性もあります。いずれにしても、観測前の電子については、その位置も運動量もまったくわかっていません。

図4-9は、たった1個の光子が電子にぶつかった瞬間を表しています。すなわち、二つの粒子の衝突現象をとらえたものです。

光子は、粒子としての性質をもっているので、運動量とエネルギーの両方を有しています。衝突の際、光子は電子に跳ね返されます（これは光の反射と同じです）。このとき光子は、自身のもっている運動量とエネルギーの一部を電子に分け与えます。一方の電子は、光子から運動量とエネルギーをもらい受け、どちらかの方向へすっ飛んでいきます。

電子との衝突によって、光子はいくらかの運動量とエネルギーを失うことになりますが、ここで問題なのは、その際、光子はいったい、どれほどの運動量を電子に与えるのかということです。あるいは逆に、衝突に際して、電子はいかほどの運動量を光子から受け取るのか、といってもかまいません。

実は、これは誰にも知りようがないのです！　光子が衝突する以前の、電子の運動量はわかっていません。両者がぶつかった瞬間、誰にも知りようのない運動量が光子から電子へと伝達されたのは間違いありません。しかし、光子によって電子がどっちの方向にどれほどの運動量をもって突き飛ばされるのか知りようがないので、これによって観測前の電子の運動量がはっきりしなくなってしまう「電子の運動量の不確定さ」が現れます。

電子の「位置」については、どうでしょうか？　電子の位置を知るためには、前述のとおり、電子との衝突によって跳ね返された光子が、私たちの眼球内に入り込まねばなりません。電子と衝突した光子が、どの方向に跳ね返されるのかはわかりません。眼球の真ん中でしょうか、あるいは端っこでしょうか？　これまた、誰にもわかりません。

いいですか、ここではたった1個の光子しか考えていませんよ（図4－9参照）。私たちにわかるのは、電子によって跳ね返された光子が眼球のどこかを通る確率のみです。ここに、「電子の位置の不確定さ」が現れるのです。

ハイゼンベルクは、このようにして得られた「電子の位置の不確定さ」と「電子の運動量の不確定さ」の積を数式で表しました。結果は、数学だけを使って理論的に得られたものとまったく同じだったのです。ハイゼンベルクの思考実験は図4－9よりはるかに詳細なもので、使用される光の波長や眼球レンズの直径なども考慮されましたが、最終結果は、それら諸条件にまったく無関係であることがわかったのです。

この思考実験には、あらゆる観測につきものの「測定誤差」はいっさい入っていません。つまり、不確定性原理は、測定技術の精度にはなんら影響を受けないということなのです。

すなわち、不確定性原理に現れる「不確定さ」は、量子力学から生じた、この宇宙に存在する「本質的な不確定さ」です。不確定性原理こそ、量子力学そのものであるといっても過言ではないかもしれません。

*

本章では、原子核の内部や量子現象といった「人間の五感では感知できない世界」を支配する物理法則のからくりを探訪してきました。そこで私たちは、ふだん馴染みのない新たな力に出会い、エネルギー現象のさらなる深淵を覗《のぞ》きました。それらはいずれも、本書のメインテーマである$E=mc^2$のからくりをひもといていく手がかりとなるものばかりです。

特に、最後に登場した不確定性原理を真空に適用すると、「とんでもない現象」が起こります。それはいったい……!?

第5章

$E=mc^2$ のからくり

——エネルギーと質量はなぜ「等しい」のか

エネルギー化される物質、物質化されるエネルギー

お待たせしました！

いよいよ本書の真打ち、「$E=mc^2$」の登場です。この数式が、世界一有名なものであることは論を俟《ま》たないでしょう。１９０５年、特殊相対性理論とともにこの世に生を受けた$E=mc^2$は、従来の物理学の常識を打ち砕く強烈なインパクトをもっていました。

なにしろ、エネルギー（E）と質量（m）が「等価（＝）」だと宣言しているのです。そのうえ、その仲介人が光速度（c）である（しかもその2乗）という意外性も持ちあわせています。

この数式によれば、質量m（kg）の物質は１００％エネルギーに変換されうるし、同時に、電磁波などがもつ純粋なエネルギーは１００％物質（質量）に変換されえます。「物質のエネルギー化」と「エネルギーの物質化」という想像を絶するような現象が、物理法則になんら違反することなく成立するというのです。

前章で、「光子は質量をもちませんが、エネルギーと運動量をもつ粒子である」ことに言及しました。「光子のこの性質が、次章で$E=mc^2$のからくりを解き明かすにあたって、重要な役割を果たす」ことになる、とも。

事実、光子は、自らは物質でないにもかかわらず、$E=mc^2$を通して物質粒子である電子を生

み出すという離れ業をやってのけます。それも、同時に二つも！　これぞまさに、「エネルギーの物質化」です。

また、よく知られているように、人類史に取り返しのつかない災厄をもたらした原子爆弾は、「物質のエネルギー化」の代表例です。物質のエネルギー化に際しては、「c^2（光速度の２乗）」が大きな存在感を発揮します。なにしろ、cは秒速30万kmというそもそも巨大な値です。その２乗が掛け合わされることで、エネルギーは実に、消えた質量の10^{17}倍もの量となって発生するのです。

たった1発の原子爆弾が、大都市を瞬時に壊滅させることができるほどの威力をもつのはこのためです。実際に、広島に投下された原爆でエネルギーに転化して消えた質量は、わずか８５０gほどだったと推定されています。これは、弾頭に充填されていたおよそ64kgのウランの、実に１・３３％にすぎません。

逆に、エネルギーを物質化する際にある一定量を得ようとすれば、莫大なエネルギーを必要とすることも、c^2が示しています。

$E=mc^2$というきわめてシンプルな数式には、このような物理法則の真髄が含まれているのです。

それではなぜ、エネルギーと物質は「等しい」のか。どのような考えから、$E=mc^2$が誕生したのか。前章までに積み重ねてきた「物理のからくり」を活かしながら、じっくり解き明かしていくことにしましょう。

「物理法則」再考

アインシュタインが$E=mc^2$に到達するにあたり、まず突き崩さなければならなかった〝旧弊〟に、ニュートンの考えていた二つの概念があります。「絶対空間」と「絶対時間」です。

ニュートンは、この宇宙を支配する物理法則を探究する前提として、〝絶対空間〟とよぶべき空間が存在していると考えていました。あらゆる物質は絶対空間の中に存在し、そこで動いているととらえていたのです。同様に、時間もまた絶対的な存在であり、〝私にとっての今〟が、世界中——否、宇宙中のあらゆる場所にいる誰にとっても〝同じ今〟であって、時間差など生じえないと考えていました。

ニュートンはまた、光の速度に対しても特別視はしていなかったと推測されています。ニュートンの遺したすべての数式には光速度cがいっさい入っておらず、ニュートン力学における光の速度（速度の数値）は、観測の仕方によって変わってしまうからです。

ニュートンが世を去り、150年超が経過してから登場したアインシュタインは1905年、彼独自の構想になる「特殊相対性理論」を発表しました。この理論の登場によって初めて、ニュートンが信奉した絶対空間と絶対時間が終焉《しゅうえん》を迎えることになります。

それでは、アインシュタインのいう「相対」とはなんでしょうか？ これを理解するために、まず「速度」について考えてみましょう。

速度を考える際にはつねに、「それが何に対しての速度か」という問題がつきまといます。たとえば、私たちが日常的に体験する「車の速度」は、一義的には地面に対する速度です。しかし、その地面自身は地球の表面にくっついており、その地球が自転をしています。地球はさらに、太陽のまわりを回っていて、太陽を中心とする太陽系もまた、高速度で運動していることがわかっています。つまり、それがどんな物質（物体）であれ、「何に対しての速度か」を明示しなければ、速度を測ることはできません。

物理学における実験では、「測定」に際して必ず「観測者」が存在します。測定に用いる実験装置は同一であっても、その観測者が「実験装置に対して静止しているのか」、あるいは「一定速度で等速直線運動しているのか」によって、測定値にはばらつきが生じます。「観測者自身の速度」が加味されるためです。

このようにランダムな値を示す測定値の間にも、実は、ある規則性が存在します。「各測定値間の規則的な関係」を数式で表したものを「物理法則」といいます。

実験装置に対する観測者の速度（ここでは一定値とする）は、いくらでも異なった値をとりえます。観測者の速度に応じた速度が加味されるために、諸々の物理量の測定値に違いが出てくるわけですが、それら各測定値の間を取り結ぶ〝関係式〟——すなわち、その実験装置が従う物理法則——は、まったく同一のものとなるのです。

なぜ、そうなるのか——これを問うわけにはいきません。なぜなら、それが「公理」だからです。公理には証明が存在せず、〝自明の理〟として扱われます。

宇宙は「相対的」にできている

さて、宇宙空間にたった一つだけの実験装置が置かれていると想定し、これを測定する観測者を「等速直線運動」している乗り物に乗せる状況を考えます。この乗り物に対する観測者の速度は、正確にゼロです。同様に、観測者を乗せた乗り物は、いくつでも（無限個でも！）用意することができます。ただし、個々の乗り物に乗る観測者は、一人だけに限定します。また、一つひとつの乗り物はそれぞれ、違った速度で等速直線運動しているものとします。

それぞれの乗り物の中に「座標系」を設定します。この座標系に対して、乗り物の中にいる観測者は静止しています（速度＝０）。つまり、観測者はその座標系に固定されています。

図5-1

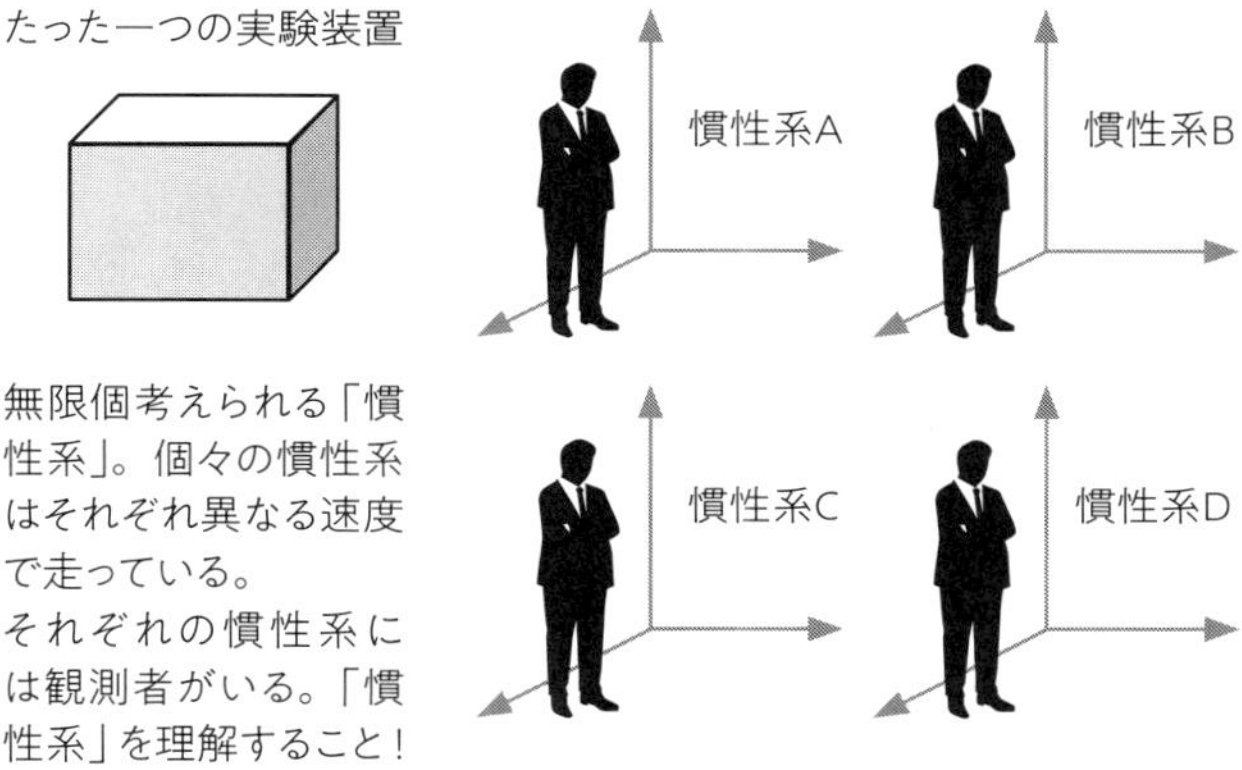

無限個考えられる「慣性系」。個々の慣性系はそれぞれ異なる速度で走っている。
それぞれの慣性系には観測者がいる。「慣性系」を理解すること！

このように、ある一つの物理実験装置に対して一定速度で「等速直線運動」している座標系のことを「慣性系」といいます（図5－1）。このような座標系には、加速は生じていません。

いいですか、本章では今後、図5－1にからめて慣性系が何度も登場します。「慣性系」とはなにか、忘れないでください。

どの慣性系にいる観測者が宇宙にたった一つだけの実験装置を測定して、実験データを得ても、そのデータはある物理法則を満足していることがわかります。各慣性系の速度（いずれも一定）にまったく関係なく、どの慣性系からの実験データも、同じ実験装置であるかぎりまったく同じ物理法則を満足するのです。

ただし、数値的には、すべての観測者が同じデータを得るわけではありません。それぞれの観測者は

式5－1

$$\left(\beta mc^2+c\left(\alpha_1 p_1+\alpha_2 p_2+\alpha_3 p_3\right)\right)\psi(x,t)=i\hbar\frac{\partial\psi(x,t)}{\partial t}$$

いずれも、互いに異なる一定速度で走っているので、各データは当然にしてその速度の影響を受けます。しかし、ある一つの慣性系にいる観測者の得たデータは、その数値の変化や数値間の関係に規則性があり、この規則性が、どの慣性系にいる観測者にとってもまったく同じということなのです。この規則性こそが、「物理法則」です。

ほとんどの物理法則は、数式（微分方程式）で表されます。例として、ディラックの方程式を示します（式5－1）。

各慣性系に固定されている観測者が得たデータ（膨大な数の数値）を式5－1に代入すると、方程式の形を変えることなく、ちゃんと左辺と右辺が等しくなります。異なる観測者が得たデータは、速度が違うゆえに数値としては異なりますが、いずれも式5－1を満足します。これが、個々の慣性系にいる観測者が得たデータがそれぞれ異なっても、物理法則は慣性系によらずまったく同じである、という意味です。

さて、あらためて図5－1をご覧ください。そこには、たった一つの実験装置しか描かれていません。なにしろ、この宇宙空間に存在する実験装置は、たったーつだけなのです。この、唯一の実験装置は、静止しているのでしょうか？　それとも、一定速度で走っているのでしょうか？　みなさん、どちらだと思いますか？

アインシュタインによれば、そんなことはどうでもいいのです！　問題になるのは、「相対速度」だけなのです。たとえ実験装置が一定速度で走っていたとしても、各慣性系は、この実験装置の速度に対して、それぞれ異なる速度で等速直線運動しています。ある慣性系は右向きに走り、また別の慣性系は左向きに走っているかもしれませんが、これまた、どうでもいいのです！

この実験における「慣性系の速度」とは、つねに実験装置に対する速度であり、その実験装置自身が走っていようが静止していようがまったく問題ではありません。第一、「静止」とは何に対しての静止ですか？　この宇宙の「速度」はすべて「相対速度」であり、例外はないのです。否！　たった一つだけ例外が存在することを告白しなければなりません。

ニュートンが拘泥《こうでい》した「絶対性」を否定し、徹底的に「相対性」を主張したアインシュタインでさえ認めざるをえなかったこの宇宙で唯一の「絶対的」なるもの――すなわち、光速度 c です。

光速度 c――この不可思議なるもの

光速度 c は、実にふしぎな存在です。

光の速度を測定するために、ある観測者Aは、光の進む方向に一定速度で走りながら計測するとします。そして、別の観測者Bは、Aとは逆に、光の進む方向とはまったく反対に一定速度で走りながら光の速度を測定するとします。この宇宙における速度がすべて相対速度であるなら、観測者Aと観測者Bがとらえる光の速度の値はそれぞれ異なるはずです。なにしろ二人は、まったく正反対の方向に走っているのですから、その影響が加味されるはずだからです。

ところが、両者が測定する光の速度はいずれもまったく同じで、「秒速30万km」なのです！ なぜかって？ 誰にもわかりません！ さらには、どうして秒速30万kmというたった一つの値しかとらないのかさえもわからないのです。秒速5万kmや秒速58万kmでは、なぜダメなのでしょうか？ 誰にもわからないのです。

図5－1において、実験装置から飛び出た光が空間を走っているとしましょう。この場合も、無限個あるどの慣性系（それぞれ速度が違う！）から観測しても、すべての観測者がまったく同じ光速度＝秒速30万kmを得るのです。ふしぎですねえ。世の中こうなっているのです、としかいいようがありません。この事実から、次のような結論が得られたのです。

☑ **この宇宙に「絶対静止」している座標系、すなわち、「絶対空間」が存在するのかしないのか、それは誰にもわからない。けれども物理学は、「絶対静止」や「絶対空間」を考えない。**

より正確には、まったく考える必要がない。同様に、「絶対時間」についても考える必要はない。

なぜか？

「時間の進み方」が、それぞれの慣性系によって異なるからです。なんとも不可思議な話ではありますが、この事実を受け容れないかぎり、相対性理論の理解はありえません。

次項では、相対性理論が考える時間と空間の〝強い絆《きずな》〟について見てみることにしましょう。その絆を取り持つのもまた、光速度 c の存在なのです。

「時空」現る！

現代の物理学では、ニュートンがあれだけこだわった「絶対空間」や「絶対時間」を考える必要がありません。それがなぜなのか、もう少し深掘りしながら考えてみます。

はじまりは、物体の速度から。小学校の算数の時間に教わったように、ある物体の速度は「距離÷時間」で求めることができます。割り算ですから、分数で表すことが可能です。

速度＝走った距離／かかった時間

これは速度の定義であって、証明はありません。注意すべきは、「走った距離」の含意です。物体が走るとは、「空間を走ること」であり、すなわち「空間を移動すること」を意味しています。したがって「走った距離」は、「空間中の2点間の距離」ということになり、速度を表す式は次のように形を変えます。

速度＝空間の2点間の距離／かかった時間

しかし、よくよく考えてみると、距離自体が空間とは不可分なので、「距離」は、空間中のある領域（空間の大きさ）を表すことになり、速度の定義はさらに簡略化できます。

速度＝空間／時間

そして、光の速度もまた、「空間中のある2点間を光が走る距離」を「それにかかる時間」で割った値として表されます。したがって「光速度」も、次のように表すことができます。

光速度＝空間／時間

より詳しく記せば、

光速度＝空間／時間＝「空間の大きさ」と「時間間隔」との比

となりますが、実験からの結論は、この比――すなわち、「空間の大きさ」／「時間間隔」――が、どのように測定されようとも、つねにまったく同じ値＝秒速30万kmとなることを示しています。その値をアルファベットcで表すと、次の❶式が得られます。

c＝空間（分子）／時間（分母）＝秒速30万km……❶

❶式におけるcは、この宇宙における唯一の一定値（ユニークな値にして、永久不変な値）、すなわち「絶対速度」を表します。

空間を分子に、時間を分母にとった❶式からは、またもや常識破りの結論が導かれます。時間と空間が「一体不可分」であるとする、奇妙な宇宙観が登場するのです。

❶式において、「空間」と「時間」の比がつねに同じ値（すなわち光速度c）を保つためには、分子（空間）が小さくなれば、同時に分母（時間）も小さくならなければなりません。逆に、分子（空間）が大きくなれば、同時に分母（時間）も大きくならなければならないのです。「時間が小さくなる」とは、「時間が縮む」ことであり、すなわち、「時間間隔が短くなる」こと

式5-2

$$2=\frac{400}{200}=\frac{300}{150}=\frac{100}{50}=\frac{60}{30}=\frac{18}{9}=\frac{8}{4}=\frac{4}{2}$$

です。つまり、時間が速く進むことになります。

イメージを掴むために、比が「2」という一定値に保たれる例を式5－2で確認しましょう。式5－2では、比を2に保つために、分子が減るにつれて同時に分母も減っています。これと同様に、光速度 c を絶対速度＝一定値に保つために、❶式の分子と分母、すなわち空間と時間が、どちらか一方の増減に応じて同時に増減するのです。

ここで再度、図5－1に戻ります。各慣性系にいる観測者（彼らはそれぞれ、異なる速度で走っている！）が、自身と他の観測者とを比べると（これぞまさに相対的！）、相手の空間の広さと時間の進み具合が、自分のものとは異なっていることに気づきます。

この事実は、従来の時間観、空間観にドラスティックな変更を迫ります。すなわち、日常の感覚からは明らかに〝別物〟である時間と空間とを、もはや別々に扱うことが許されなくなるのです。このようにして、時間と空間とが一体不可分であるとする宇宙観が誕生し、「時空」という概念が生まれることになります。この概念の行き着く先に、「絶対空間」や「絶対時間」を考える必要がないという理解が待っているのです。

そして、決して切り離すことのできない時間と空間の強固な絆を取り持つのが、他ならぬ「光速度c」です。この光速度cだけは、この宇宙におけるただ一つの「絶対的」な存在であり、相対速度ではありません！　唯一無二の値なのです。

光速度不変の原理と物理法則

このような考え方のもとに、アインシュタインは次の二つの仮説（あるいは公理）を打ち立てました。公理ですから、証明はありません！

❶どの慣性系から見ても、光速度は一定で、つねに同じ値＝秒速30万kmを示す。それ以外の値は、決してとることがない。光の速度はそれほどユニークな値であるために、特別の記号を使って「c」で表す。すなわち、c＝秒速30万km（この宇宙に存在する何に対しても！）。

この仮説を、「光速度不変の原理」という。

❷「光速度不変の原理」という条件を加えても、あらゆる慣性系における物理法則はまったく同一で変わることがない。たとえば、電場と磁場の関係を数式で表したマクスウェルの方程式は、物理法則の一つであり、光速度cを含んでいる。そして、どの慣性系から観測しても光速度cが一定不変であるという条件下においてのみ、マクスウェルの方程式は形を変える

ことなく成立する。マクスウェルの方程式のみならず、他のどんな物理法則も同様である。これら二つの公理は、図5－1に示されたような慣性系の速度が光速度を超えないかぎり、どんな速度で走るどんな慣性系でも成り立ちます。そして、右の二つの仮説に立脚して構築された理論が「特殊相対性理論」です。なぜ〝特殊〟なのか？　それは、「慣性系において成り立つ」という制約条件が含まれているからです。

慣性系とは、一定速度で等速直線運動している座標系のことでした。言い換えれば、慣性系は「加速されていない座標系」です。しかし、日常で接する物理現象を振り返ってみれば容易にわかるように、この世界には「加速される座標系」があふれています。たとえば、宇宙空間で燃料をどんどん噴出しながらスピードを上げているロケットは「加速される座標系」です。このようなロケットの内部の空間は、「慣性系」にはなっていません。

相対性理論が「加速される座標系」でも成り立つためには、「一般相対性理論」へとより精緻化される必要があったのですが、その話はまたのちほど（第6章参照）。

物理量が「保存する」とはどういうことか

アインシュタインが革新した新しい理論によって、ニュートンの運動の法則は修正を迫られることとなりました。ニュートンの運動の法則には、当然ながら「光速度不変の原理」は盛り込まれていません。そこで現在では、特殊相対性理論の要請を満たすための修正が施されています。

しかし、ニュートンの運動の法則は、決して〝過去の遺物〟になったわけではありません。日常生活で観測する物理現象や機械工学、航空工学などの分野では、光速度に比べてはるかに小さい速度を扱うために、修正前のニュートン力学で十二分以上に間に合うのです。特殊相対性理論を持ち出す必要があるのは、物体（粒子）の速度が光速に近い場合だけです。

さて、特殊相対性理論を導入するにあたり、アインシュタインにはもう一つ、修正を施さなければならない対象が存在していました。運動量です。

粒子のもつ運動量とは、その粒子が他の粒子と衝突した際に、相手の粒子を突き飛ばす能力を指します。そしてニュートン力学には、「運動量保存の法則」が含まれていました。

質量m（kg）の粒子が速度v（m／s）で走っている場合、その粒子の運動量はmとvの積で表されます（mv）。これは運動量の定義であり、他の定義同様、やはり証明はありません。この定義から、質量が大きいほど（重いほど）、また速度が大きいほど（速いほど）、運動量は大きくなります。すなわち、運動量は質量と速度に比例します。

慣性の法則から、粒子のもつ運動量は外部からなんの邪魔立ても入らないかぎり、変化することはありません。この、同じ運動量を永久に保つことを「運動量保存の法則」といいます。物理学における「保存」とはなんでしょうか?

☑ **ある物理量が保存されるとは、外部からいっさいの邪魔立てが入らないかぎり、その物理量が時間的にまったく変化しないことをいう。**

運動量保存の法則は、二つの物体が衝突する現象においても成り立ちます。二つの物体の運動量を足し合わせた全体の運動量は、摩擦など、外部からのなんらかの邪魔立てが入らないかぎり、衝突の前後で変化せず、保存されます。

運動量を変化させる唯一の方法は、外部から「力」を加えることによって、その粒子の運動を〝邪魔〟することです。これは、ニュートンの第二法則とまったく同じで、すなわち「力こそ運動量を変化させる唯一の原因」ということになります。したがって、力が加わったとたん、運動量は保存されません(摩擦もまた、「摩擦力」とよばれる力です)。

運動量を〝再定義〟せよ

ここでふたたび、図5-1を活用します。

たった一つだけ存在する実験装置の中で、ある粒子が、ある時間内に一定速度の「等速直線運動」をしている状態を考えてみます。等速直線運動をしているのですから、この粒子の運動量は保存されています。

この粒子の運動状態を、無限個存在する慣性系内にいる観測者が観測します。繰り返しますが、各慣性系はそれぞれ異なった速度（いずれも一定速度！）で走っています。実験装置内で等速直線運動をしている粒子を、各慣性系に固定されている観測者から観測すると、やはり等速直線運動をしています。その粒子の運動量は保存されており、時間的に変化することはありません。

ところが、です。ここで大きな問題が持ち上がったのです！

それは、もし、ある慣性系が実験装置に対して光速度に近いような一定速度で走っていたり、あるいは、実験装置自身がすべての慣性系に対して光速度に近いような一定速度で走っていると（速度はすべて相対速度であることをお忘れなく！）、前者ではその慣性系から観測した場合に、また後者ではどの慣性系から観測しても、実験装置内の粒子の運動量が保存されないことがわかったのです。

「運動量保存の法則」は〝自然を支配する法則〟の一つであり、絶対に守られなければなりません！　それなのに、実験装置自身が、あるいは実験装置に対する慣性系の速度が、光の速度に近いような値になると、粒子の運動量（質量と速度の積＝mv）は同じ量を保てなくなることが判明したのです（実験装置内で等速直線運動している粒子の速度が光速度に近いような場合も同様）。

この大問題に直面したアインシュタインは、またしても大胆なアイデアを思いつきます。

――運動量保存の法則を死守するためには、どんな慣性系から観測しても、粒子の運動量が保存されなければならない――すなわち、運動量に時間的な変化が現れてはいけない。そのために、運動量それ自身を再定義する必要がある、と主張したのです。

偉大な才能をもつアインシュタインは、粒子の運動量＝mvにおけるm（質量）に〝細工〟を施しました。すなわち、いかなる慣性系から観測しても運動量がつねに保存されるために、粒子の質量mは粒子の速度vに依存し、vが増えれば増えるほどmも増えなければならないと結論づけたのです。えっ？　速く走れば走るほど、質量が増えて粒子が重たくなっていく⁉

まったく奇抜なアイデアではありますが、「動いている物体（粒子）の質量は、静止しているときの質量に対して増加する」と定めることだけが、「運動量保存の法則」を維持する唯一の方法だったのです。

この、再定義された運動量を「相対論的運動量」とよび、速度の変化に応じて増減するような質量を「相対論的質量」といいます。「相対論的」という言葉は、粒子（物体）の速度が光速度に近い場合にのみ用いられ、その速度が光速度よりはるかに小さい場合には「非相対論的」という表現が使われます。

さて、運動量の再定義によって「めでたし、めでたし！」……とはならなかったのが、物理のからくりの面白いところです。粒子の速度 v が増加するにしたがって、その質量 m も増加しますが、v がちょうど光速度 c に達すると、m の値が無限大になってしまう問題が生じたのです。〝無限大の質量〟なんて、物理学は受けつけません！　なにしろ、重さが無限大になることと同じなのですから。

このことから、次に掲げる重要な結論が得られるのです。

☑ **質量をもつ粒子の速度には「上限」があり、それは光速度 c である。質量をもつあらゆる粒子は、絶対に光速度を超えることはない。この宇宙で考えうる最高速度は、光速度 c なのである（信号伝達の最高速度もまた、光速度 c）。**

粒子の速度 v が光速度 c に近づいてもなお、運動量が保存されるためには、粒子の質量 m が v とともに増加しなければなりません。一方、粒子が静止すると、その速度は当然ながらゼロとなります（$v=0$）。速度ゼロのときの粒子の質量を「静止質量」といいます。ニュートン力学に現れる質量はすべて「静止質量」であり、速度に依存せず一定です。

一般に断り書きがないかぎり、すべての粒子（特に素粒子）の質量は静止質量を表します。なぜなら、「その粒子の相対論的質量はどれくらい？」という問いかけに答えるためには、その粒子の速度をいちいち指定してやらなければならないからです。事実、静止質量に関するかぎり、いかなる慣性系から観測されても、ある特定の粒子の静止質量はまったく同じです！

粒子の速度 v が光速度 c に比べてはるかに小さい場合には、相対論的運動量はふつうの運動量 mv に近づき、ニュートン力学における非相対論的運動量に現れる質量 m は、実質的には静止質量と同じになります。ニュートン力学と相対論的力学はぜんぜん違うのです！　ニュートン力学は、粒子（物体）の速度が光速度に対して十分に遅い場合の、相対論的力学の〝近似〟になっています。

光子はなぜ、「質量ゼロ」なのか

さて、従来の運動量を再定義した相対論的運動量の考え方からは、興味深い結論が導かれます。

粒子の速度 v が光速度 c に達すると、その質量 m が無限大になってしまう問題について紹介しました。この事実を別の角度から考えると、「静止質量がゼロ」であるような粒子の速度は光速でなければならないという結論が得られるのです（純粋に数学的な証明です）。逆に、光速度 c で走る粒子の質量は、正確にゼロでなければならないことになります。

いったいどんな粒子が、この条件にあてはまるでしょうか？

もうおわかりですね。すでに何度も登場した「光子」こそ、光速度cで宇宙を駆けめぐり、かつ質量をもたない粒子です。しかも、現在の宇宙において、現実に観測されうる粒子のうちで、この条件を１００％満足する粒子は光子だけなのです。

光子は、電磁波が量子化されたものです。電磁波は、電場と磁場の振動の伝播であり、どちらの場も質量をもっていないため、光子の質量も当然、ゼロになります。すなわち、電磁波が進む速度は光速度cということになります。

きわめて興味深いのは、質量ゼロの光子が、あたかも質量をもつ粒子のようにもふるまえる事実です。これは、質量はゼロであっても（ちなみに電荷もゼロ）、光子が「エネルギー」と「運動量」、さらには「スピン角運動量」をもつことからくる性質です。

〝光子〟とは、実に謎に満ちた粒子です。物理のからくりに慣れるまでは、きわめてイメージしにくい粒子でもあります。けれども、少なくとも私たちは、光子がこの宇宙に及ぼす物理的・化学的影響について多くの事実を解き明かしてきています。

光速度 *c* はなぜ、2乗されるのか

われらが主役、$E=mc^2$を導くためには、どうしても数学の力を借りなければなりません。しかしここでは、必要最小限の数学にとどめ、相対性理論を代表するこの最も有名な式の成り立ちについて、概観することにしましょう。

$E=mc^2$にたどり着くためには、いくつかの単位が必要です。まずは、この式に登場する基本的な単位から確認していきます。

質量mの単位は、これまでも登場してきたようにキログラム（kg）です。速度は、「距離÷時間」ですが、ここでは「1秒間あたりに進む距離」をメートルで表し、メートル毎秒（m／s）とします。ここに登場した、メートル（m）、キログラム（kg）、秒（s）の三つを基本単位とする単位系を「MKS単位系」といいます。このような物理単位は、「次元」とよばれることもあります。

次に、加速度の単位を考えます。ここでは、「1秒間あたりに変化する速度」をやはりメートルを使って表し、メートル毎秒毎秒（m／s^2）とします。

ニュートンの第二法則に従えば、力の単位は「質量」と「加速度」の積ですから、（kg）（m／s^2）となります。

式5-3

$$(\mathrm{kg})(\mathrm{m^2/s^2})=(\mathrm{kg})\overbrace{(\mathrm{m/s^2})(\mathrm{m})}^{\mathrm{m^2}}$$

質量 速度の2乗　＝　質量 × 加速度 距離

（質量 × 加速度 → 力）

質量 × 加速度 距離 ＞「力」×「距離」→ エネルギー

結局、(質量)と(速度の2乗)の積＝(力)と(距離)の積→ジュール

エネルギーの単位であるジュールは、「力」と「距離」の積で表されます。したがって、(kg)(m/s²)(m)となります。

単位が出そろったところで、「(質量)と(速度の2乗)の積」を考えてみましょう。速度(m/s)の2乗は(m²/s²)となるので、MKS単位系では(kg)(m²/s²)となります。これを、〝代数学〟を使って式5-3のように書き換えます。エネルギーは「力」と「距離」の積として定義されているので、式5-3の右辺は、エネルギーの単位「ジュール」をもちます。

ここで、$E=mc^2$の「mc^2」をよーく見てみます。ここに出てくるcは光速度です。したがってc^2は、「速度の2乗」になっています。

一方、mc^2のmは質量です。この場合の質量とは、今考えている粒子の質量です。これを式5-3に照らし合わせてみると、mc^2は「(質量)と(速度の2乗)の積」になっていることがわかります。したがって、mc^2はエネルギーを表していることになります。エネルギー単位の定義から、「速度の2乗」が入らないとエネルギーの次元にはならないので、どうしてもc^2になってしまうのです！　cを2乗しないでmcとす

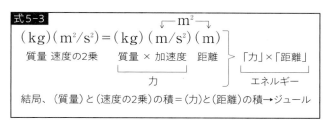

ると、エネルギーを表す量にならないのです。

したがって、「mc^2」がエネルギー量（E）となります。このエネルギーのもつエネルギーですが、光速に近いような大きな速度をもつ粒子のエネルギーを指しています。（E＝）mc^2は粒子の粒子の質量m（kg）はその速度vに依存するため、mc^2はこの粒子がもつ「相対論的エネルギー」となります。

しかしです。粒子の速度が光速度に比べて大きいか小さいかにかかわらず、粒子のもつエネルギーは$E=mc^2$として表されることがわかったのです。ただし、速度がだんだん小さくなってやがてゼロに近づくと、粒子の質量は「静止質量」に近づき、その場合は$E=mc^2$のmもまた、静止質量に限りなく接近します。

こんな疑問の声が聞こえてきそうですね。

「えっ？　じゃあ、たとえ静止していても、粒子はエネルギーをもつということになるの？」

そのとおりです。静止している粒子のエネルギーは「静止エネルギー」とよばれています。静止エネルギーもまた、$E=mc^2$として表されますが、この場合の質量mが、静止質量となるのです。すなわち、静止している物体もまた、エネルギーに変換されうるということです。

それにしても、$E=mc^2$においては、なぜ粒子の速度vの2乗＝v^2ではなく、光速度cの2乗＝c^2になっているのでしょうか？

$E=mc^2$を導くための詳細な数学を省いたために、どうしても説明不足になっていますが、「光速度不変の原理」が重要な役割を果たしています。163ページ図５－１において、どの慣性系から光の速度を測定しても、その慣性系の相対速度に関係なく、いずれもまったく同じ値＝秒速30万kmになってしまうことを説明しました。これが、$E=mc^2$に光速度cが現れる根本的な原因となっているのです。

光速度cは、時に理解に苦しむほど、実にふしぎな物理量です。

「相対論的運動エネルギー」とはなにか

先ほど、再定義された運動量として「相対論的運動量」が登場しました。こんどは、「相対論的運動エネルギー」の登場です。通常の運動エネルギーと、どこがどう違うのでしょうか？

運動している粒子は、ある速度v（m／s）をもっています。第２章で詳しく説明したとおり、ニュートン力学においては、質量m（kg）、速度v（m／s）をもつ粒子の運動エネルギーは、式５－４のように表されます。

頭の$1/2$は理論のなりゆき上、出てきてしまったもので、物理的には大きな意味をもちません。したがって、粒子のもつ運動エネルギーは、本質的には「質量m」と「速度の２乗v^2」の積

式5-4

$$\frac{1}{2}mv^2$$ ニュートン力学における運動エネルギー

mv^2になっています。粒子の質量が大きいほど、そして粒子の速度が大きいほど、その粒子のもつ運動エネルギーは大きくなります。

ここでも、「(質量)と(速度の2乗)の積」が現れました。速度が2乗されないと、エネルギーの次元にはならないのです。

一方、運動量mvは、粒子どうしが衝突した際にどれほど強く相手を〝突き飛ばす〟かの目安です(このとき、相手はまったくダメージを受けません)。このような衝突は「弾性衝突」とよばれます。たとえばアメリカンフットボールの試合で、ボールをもっている選手に対戦チームの選手が思い切り体当たりをして、相手を突き飛ばす光景を想像してください。体当たりする選手の質量m(体重)が大きく、かつ走っている速度vが大きいと、相手を突き飛ばす能力、すなわち「運動量mv」は大きくなります。運動量は、質量と速度に依存するためにmvと定義されているのです。

ところが、粒子の速度が光の速度に近いような大きさになると、運動量が再定義されたのと同じように、運動エネルギーもまた、修正を余儀なくされます。つまり、「相対論的運動エネルギー」を考えなければならなくなるのです。そこでまず、任意で選んだある1個の慣性系に対して走っている粒子の質量について、

「走っているときの質量」と「静止しているときの質量」を区別して、次のように表すことにします。

❶m＝速度vで走っているときの質量
❷m_0＝静止しているときの質量（下つき添え字の0は速度ゼロを表す）

「相対論的運動量」の考え方によれば、「動いている物体（粒子）の質量は、静止しているときの質量に対して増加する」のですから、mは当然、m_0よりも大きくなっています。つまり、$m>m_0$です。

すでに説明したように、速度vで走っている粒子の相対論的エネルギーはmc^2で（v^2ではなくc^2！）、その粒子の静止エネルギーはm_0c^2です。ここまでの話から、mc^2は当然、m_0c^2よりも大きくなっています（$mc^2>m_0c^2$）。

ここで、ある1個の荷電粒子が「直線加速装置」を通して、速度ゼロ（静止状態）から速度vになるまで直線的に加速する状況を考えます。この結果、粒子の相対論的エネルギーはm_0c^2からmc^2に増加します。すなわち、粒子が加速されると相対論的エネルギーが増加することがわかりますが、その増加分は「粒子の質量の増加」によってもたらされたということができます。

このエネルギーの増加分は、「$mc^2-m_0c^2$」と表されます。これが、粒子が光速に近いような速度で走っているときの「相対論的運動エネルギー」なのです。

式5-5

$\frac{1}{2}m_0v^2$	➡	**ニュートン力学における運動エネルギー** 粒子の質量は静止質量。粒子の速度は光速度より桁外れに小さい。質量は速度によって事実上変化しない。
$mc^2-m_0c^2$	➡	**特殊相対性理論における運動エネルギー** 質量mは粒子の速度がv（光速度に近い）のときの質量。 質量mは速度が増えると増える。 質量m_0は粒子が静止しているときの質量（静止質量）。

ニュートン力学における運動エネルギーは、粒子が光速度cよりはるかに小さい場合の運動エネルギーなので、ニュートン力学に現れる粒子の質量は事実上、静止質量（m_0）となります。つまり、ニュートン力学においては、粒子が運動していても、その速度が光速度よりも桁外れに小さいために、粒子の質量は事実上、速度による変化が生じないものと見なされるのです。したがって、ニュートン力学における粒子の質量は、つねに静止質量（m_0）として扱われます。

どんなエネルギーも質量に変換できる

ニュートン力学による運動エネルギーと、特殊相対性理論による運動エネルギー（相対論的運動エネルギー）を並べて、両者を比較してみましょう（式5-5）。

二つの運動エネルギーは、ずいぶんようすの異なる数式

式5-6

$$(mc^2-m_0c^2) \longrightarrow \frac{1}{2}m_0v^2$$

表現になっています。ところが、式5－5下側の相対論的運動エネルギーを示す数式において、粒子の速度vをどんどん小さくしていって、光速度cより十分に小さな値を代入すると、vがゼロに近づく〝極限〟においては、相対論的運動エネルギー「$mc^2-m_0c^2$」がニュートン力学における運動エネルギーの数式（$\frac{1}{2}m_0v^2$）に限りなく近づくことがわかったのです（式5－6）。

これが、ニュートン力学が特殊相対性理論の近似として扱えることの一つの証左となっています。

もう一つ、重要なことがあります。

相対論的運動エネルギー（$mc^2-m_0c^2$）は、粒子の速度vが増加（加速）した結果として増えたエネルギーですが、このエネルギーはなぜ増えたのでしょうか？

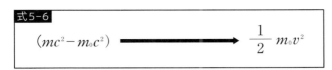

「粒子が加速されたために、運動エネルギーが増えた」と解釈することができ、これは当を得た見解です。実際に、加速装置などを用いて加速されると、速度が増えるために粒子の運動エネルギーは増加します。

そして、この運動エネルギーの増加分が$E=mc^2$を通して質量に変換され、その質量が粒子がもともともっていた静止質量に加算されるために、「動いている物体（粒子）の質量は、静止しているときの質量に対して増加する」ということになるのです。

そして、$E=mc^2$を通して質量に変換されるのは、運動エネルギーだけではありません。熱エネルギーや化学エネルギー、核エネルギーをはじめ、ここまでに何度も登場しているポテンシャルエネルギーを含む、あらゆるタイプのエネルギーが質量になりうることが判明したのです（58ページで紹介した「ポテンシャルエネルギーの質量転換」について思い出してください）。

$E=mc^2$がもつ「深い意味」

$E=mc^2$のもつ物理的な働きについて、さらに詳しく見ていきましょう。

この式の右辺にある「mc^2」は、「運動している粒子のもつエネルギー」のことです。光速度に近いような大きな速度で走る粒子の場合は「運動量保存の法則」が破れてしまうため、これを防ぐ唯一の方法として導入されたのが「相対論的運動量」の考え方でした。すなわち、速度vが増えるにしたがって質量mも増えるということです。

ということはつまり、運動している粒子のもつエネルギー＝mc^2もまた、速度vが大きくなるにしたがって増加しなければならないということを意味しています。粒子の速度がちょうど光速度cに達すると、粒子のエネルギーは無限大になってしまいます。このことからも、あらゆる物

質粒子は光速度 c を超えられないという結論を得ます。

$E=mc^2$は結局、「粒子のエネルギーが増えると、その粒子の質量が増える」ことを示しています。逆に、「粒子の質量が増えると、その粒子のエネルギーが増える」ことでもあり、次のような結論に達します。

☑ 質量の増加⟷エネルギーの増加

すなわち、粒子のエネルギーが増加することは、その粒子の質量が増加して「より重くなる」ことを意味しているのですが、それは同時に、粒子が重くなればなるほど加速しにくくなることも示しています。先ほど、「光速度 c に到達した粒子のエネルギーは無限大になってしまう」という話をしましたが、粒子の速度が光速度になると、質量もまた無限大になってしまいます。すなわち、「無限大の重さ」です。

「無限大の重さ」をもつ粒子を、どうやったら加速できるでしょうか？ 誰にもできません。

177ページで、「質量をもつ粒子の速度には『上限』があり、それは光速度 c である。質量をもつあらゆる粒子は、絶対に光速度を超えることはない。この宇宙で考えうる最高速度は、光速度 c なのである」ことを紹介しました。質量をもつあらゆる粒子が絶対に光速度を超えることができない理由は、「質量が無限大になってしまう」ことからも説明可能なのです。

エネルギーを失った粒子は質量も失う

前項で、$E=mc^2$は「粒子のエネルギーが増えると、その粒子の質量が増える」ことを示していると説明しました。

実は、これとまったく反対の現象も起こります。すなわち、「粒子がエネルギーを失うと、その粒子の質量が減少して軽くなってしまう」のです。

この現象を説明するために、電磁波の一種である「ガンマ線」に登場してもらいます。電磁波（光）は質量をもっていませんが、エネルギーはもっています。第3章で、電磁波は振動数の値にしたがって分類・命名されていることを紹介しましたが、ガンマ線は最も振動数が高い電磁波です。電磁波のエネルギーは振動数に比例するため、ガンマ線はきわめて高いエネルギーをもっています。

さて、一部の放射性物質はガンマ線を放出する能力をもっています。ガンマ線も放射線の一種で、これを放出する能力をもつ放射性物質を構成している原子の原子核から放射されます。1kgの放射性物質には、10^{24}〜10^{25}個に及ぶ膨大な数の原子（核）が含まれています。これら膨大な数の原子核が、いっせいにガンマ線を放出することはありません。個々の原子核が一つずつ、あるいはグループ単位で放出するため、放射性物質全体を見ると、一定の時間をかけてガンマ線が放射

式5-7

$$E = mc^2$$

E ↓ 減少　m ↓ 減少　c^2は光速度の2乗で一定値、増減なし！

されることになります。

ある時刻に、この放射性物質の質量を精密に測定します。そして数年後に、同じ放射性物質の質量をあらためて精密に測定し直します。その数年間に、この放射性物質からは大量のガンマ線が放射されています。しかし、ガンマ線は質量をもっていないので（正確にゼロ！）、どれだけ大量に放出されていようが、放射性物質の質量は変わらないはずです。

ところが、実際に精密に測定してみると、ガンマ線が放出された後の放射性物質の質量は明らかに減少しているのです。その理由がなぜか、もうおわかりですね。

$E=mc^2$の仕業です。

ガンマ線は、質量は正確にゼロですが、きわめて高いエネルギーをもっています。このケースでは、ガンマ線によって放射性物質からエネルギーが持ち去られたために、$E=mc^2$の左辺のE（エネルギー）の値が減少したのです。左辺のEが減少すれば、等号を維持するために右辺のmc^2も減少しなければなりません。

ところが、c^2は「光速度の２乗」で一定値であり（光速度不変の原理）、増減することはありません。したがって、mc^2が減少するためには、質量mが減少するしかないのです。この結果、「エネルギーの減少」は「質量の減少」となって現れることになります（式5-7）。

どのような方程式も、「左辺＝右辺」が〝つねに〟成立するためには、左辺が減少すれば右辺も減少しなければなりません。その逆もまたしかりです。

$E=mc^2$が特異なのは、この両辺の等価性を維持するために起こる現象が、きわめて劇的であることです。なにしろ、エネルギーや質量の増減を伴うのですから……！

「等価」と「同じ」はどう違う？

以上の議論から、エネルギーと質量が等価であることがご納得いただけたと思います。

ただし、ここで一つ、注意が必要です。「等価」という言葉は「同じ」という言葉と同義ではない、ということです。どういうことでしょうか？

そもそも、エネルギーと質量とでは、単位がまったく異なります。エネルギーの単位は「ジュール＝(kg)(m／s^2)(m)」で、質量の単位は「kg」です。けれども、$E=mc^2$によれば、「エネルギーの増減」はそのまま「質量の増減」につながるという意味で、両者は「等価」であるといえるのです。まったく「同じ」ではないけれど「等価」である——ぜひこの点を押さえてください。

まるで言葉遊びのように思えてしまうかもしれませんが、物理学的には、エネルギーと質量の等価性はきわめて重要、かつふしぎな現象の根本要因となるのです。それが、本章の冒頭で紹介した「物質のエネルギー化」と「エネルギーの物質化」です。これら想像を絶するような現象を、物理法則になんら違反することなく成立させるのが、$E=mc^2$の真骨頂なのです。

前述のとおり、広島型原爆では、弾頭に装塡されていた約64kgのウランの1・33％に相当する850gがエネルギーに転化しただけで、甚大な被害を及ぼしました。

原子爆弾は、一つの原子核が中性子を吸収することによって、二つの軽い原子核に「割れてしまう」（これを「核分裂」といいます）ときに膨大なエネルギーを放出することを利用した爆弾です。核分裂後の二つの原子核の質量を足し合わせた総質量は、分裂前の原子核の質量に、吸収された中性子の質量を含めた総質量より軽くなっています。つまり、核分裂の前後で「質量差」が生じるのです。この質量差に相当する質量が、核分裂の際に消滅したことになります。

この消滅した質量＝〝m〟kgが、$E=mc^2$を通してエネルギーに変換されるのです。すなわち、「物質のエネルギー化」です。これは、先ほど紹介した放射性物質の原子核がガンマ線を放射することによって軽くなる現象と事実上、同じことです。

ある物体のもつ質量とは、その物体がもつ「物質の量」のことでした。したがって、$E=mc^2$は、物質の量とエネルギーが等価であることを示しています。それゆえに、「物質のエネルギー化」が起こるのです。

なお、$E=mc^2$における質量mは「慣性質量」です。ただし、同じ物体においては「慣性質量」と「重力質量」はその値がまったく等しいので、エネルギーもまた、質量と同じく重力の原因を作ります（エネルギーも〝重力荷〟になりうる！）。

極端な例として、$E=mc^2$を通して次の二つのケースが〝実際〟に起こります。

❶物質が完全消滅して、100%純粋なエネルギーだけが発生する。

❷100%純粋なエネルギーが完全消滅して、物質が現れる。

❷は「エネルギーの物質化」を表しています。すなわち、「エネルギーが物質になる」という驚くべき事実を語っているのですが、「100%純粋なエネルギー」とはなんでしょうか？

典型的な例が「電磁波のエネルギー」です。電磁波は、その質量が正確にゼロで、すなわち物質ではありません。したがって電磁波は、その100%が純粋なエネルギーからできているということができます。

そして実際に、質量ゼロの電磁波が「質量をもつ粒子」に変換される現象が存在します。——「電子対《つい》創生」です。

マイナスのエネルギー!?

電子対創生を説明する前提として、まずご紹介しなければならないものがあります。「反粒子」です。この奇妙な粒子が登場する経緯には、物理学者たちの煩悶《はんもん》がありました。彼らを悩ませる〝鬼っ子〟となったのは、マイナスのエネルギーです。マイナスのエネルギー!?

本書でも何度も登場しているポテンシャルエネルギーを例に考えてみましょう。

たとえば、重力ポテンシャルエネルギーは、ある物体（粒子）が地上のある高さに位置するときに、地上とその位置との間の空間に蓄えられているエネルギーのことでした。重力ポテンシャルエネルギーの大小は「高い／低い」で表されるので、何に対して高いのか／低いのかを決めなければなりません。そのためには、高さの基準を定める必要があります。その基準は通常、「ゼロ」に設定します。したがって、もし物体（粒子）の位置が基準点である「ゼロ」よりも低ければ、マイナスのポテンシャルエネルギーをもつことになります。ここまでは、わかりやすいですね。

ではここで、外部のいっさいから隔離されている単独の粒子を考えます。この孤独な粒子は、いかなる「場」の中にも置かれていません。この粒子そのものがもつエネルギーには、基準点が

式5-8

$$E^2=(m_0c^2)^2+(pc)^2$$

式5-9

$$E=+\sqrt{(m_0c^2)^2+(pc)^2}$$ プラスのエネルギー

$$E=-\sqrt{(m_0c^2)^2+(pc)^2}$$ マイナスのエネルギー

存在せず（なにしろ孤独なので）、とりうる最小のエネルギーは「静止エネルギー」ということになります。それは$E=m_0c^2$で、プラスの値です。

そして、この粒子が走っている場合のエネルギーは、走ることによって質量が増えたとしても、$E=mc^2$によってやはりプラスの値となります。静止していても動いていても、いずれもプラスということは、当然にしてつねにゼロよりも大きいということであり、この粒子のもつエネルギーにはマイナスの値は存在しません。結局、単独の粒子がもつエネルギーはつねにプラスの値となり、マイナスのエネルギーをもつ粒子はこの宇宙に存在しないことになります。

ところが、どうしてもマイナスのエネルギーをもつ粒子を考慮しなければならない事態が訪れたのです。きっかけは、特殊相対性理論の要請に応じて作り上げられた「ディラックの波動方程式」でした（142ページ参照）。

ディラックの波動方程式は、量子力学の波動方程式であり、こ

式5-10

$$2^2=(+2)^2$$

$$2^2=(-2)^2$$

これは、プラスのエネルギーもマイナスのエネルギーも、2乗すればともにE^2（この例では2^2）というプラスの値になることを示しています。

こから「相対論的量子力学」が誕生しました。あまりにも数学的になってしまうので、詳しい説明は省略しますが、この方程式から、相対論的エネルギーがプラスのものとマイナスのものに二分されることがわかったのです。どういうことでしょうか？

まず、特殊相対性理論において粒子のもつ相対論的エネルギーの2乗は、式5-8のように表されます。ここで「p」は粒子の運動量を表します。式5-8は、式5-9に示すように、二つに分かれます。

この式5-9が、粒子のもつ相対論的エネルギーがプラス／マイナスの二つに分かれることを示しています。これはたとえば、2を2乗すると4になる一方、マイナス2を2乗しても4になることと同様です（式5-10）。

すなわち、プラスのエネルギーもマイナスのエネルギーも、2乗すればどちらもプラスになるのですが、「2乗する前の粒子のもつエネルギー」については、プラスとマイナスの両方を考慮しなければならないことがわかったのです。

ディラックの波動方程式はもともと、電子にあてはめて作られたものですが、特殊相対性理論の要請を満足するためには「プラスのエネルギーをもつ電子」と「マイナスのエネルギーをもつ電子」の両方を組み込まなくてはならなくなりました。〝マイナスのエネルギーをもつ電子〟など前代未聞ですが、特殊相対性理論に適合させるためには、この奇妙な電子を簡単に理論から葬り去るわけにはいかなかったのです。

当時の科学者たちは、この「マイナスのエネルギーをもつ粒子」がどのような物理的意味をもつのか、そして、それをどのように取り扱えばよいのか、ということに頭を悩ませました。とうとう最後には、「マイナスのエネルギーをもつ粒子は、時間を逆行して走る」というアイデアを思いついたのです。

時間を逆行して走る!?　これはつまり、マイナスのエネルギーをもつ粒子は、未来→現在→過去の時間方向に運動するという発想なのですが、これに対する斬新な解釈がもたらされたことで、難題は決着を見ることになりました。

その解釈とは、「マイナスのエネルギーをもつ粒子が時間を逆行して走るとは、プラスのエネルギーをもつ反粒子が時間を順行して走るのと同じことである」というものです。つまり、「マイナスのエネルギーをもつ粒子」を「プラスのエネルギーをもつ反粒子」に置き換えたのです。

ここに、物理学史上初めて、「反粒子」が登場しました。

もちろん、解釈の仕方を変えて、時間を逆行して未来から現在にやってきたマイナスのエネルギーをもつ電子が、現在を境にして通常のプラスのエネルギーをもつ電子に変身し、そのまま未来に帰っていく、ととらえることも可能です。しかし、実際に観測されたことのない〝マイナスのエネルギーをもつ電子〟が時間を逆行するなんてことは、あまりにもＳＦ的すぎますね。

反粒子を導入することで、粒子もその反粒子も、いずれもプラスのエネルギーをもち、ともに時間を順行するとシンプルに考えることができます。反粒子という卓抜したアイデアを導入することによって、マイナスのエネルギーという難物を〝排除〟できたのです。

理論の整合性から、粒子とその反粒子はまったく同じ質量をもちます。決定的な違いは、まったく同じ量でありながら、互いに符号が異なる電荷をもつことです。たとえば、電子はマイナス電荷を有していますが、「反電子」はプラス電荷をもっています。プラスの電荷をもつことから、反電子は「陽電子」とよばれるようになりました。

そして、人類が初めて観測に成功した反粒子は、実にこの陽電子だったのです。実験の結果、陽電子は確かにプラスのエネルギーをもち、過去↓現在↓未来と、ふつうの粒子と同じように時間を順行していることが明らかになりました。

こんにちでは、それが素粒子であろうと、いくつかの素粒子からなる複合粒子（たとえば陽子や中性子）であろうと、すべての粒子にはその反粒子が存在することが証明されています。

唯一の例外が「光子」です。光子は電荷をもたないため、反粒子もまた光子なのです。

ちなみに、電荷をもたない中性子にも、「反中性子」が存在します。理由は、中性子が複合粒子であることにあります。前述のとおり、中性子は素粒子ではなく、一つのアップクォークと二つのダウンクォークから構成されています。反中性子は、一つの反アップクォークと二つの反ダウンクォークからできているのです。

一般的に、クォークをqで表し、その反クォークは$\overline{q}$と表します。したがって、中性子を（$u-d-d$）と表すのに対し、反中性子は（$\overline{u}-\overline{d}-\overline{d}$）と書き表されます。中性子と反中性子は同じものではありません。

通常の原子を構成しているのは電子、陽子、そして中性子の3種の粒子ですが、それらをすべて反粒子（すなわち、陽電子、反陽子、反中性子）で置き換えると、「反原子」ができ上がります。すべて反原子からでき上がっている物質は、「反物質」とよばれています。この宇宙にはまだ、反物質は見つかっていません。

反粒子ならではの現象

ようやく、「電子対創生」を説明する準備が整いました。質量ゼロの電磁波が「質量をもつ粒子」に変換される、$E=mc^2$ならではの現象です。

反粒子のもつ最大の特徴は、「対《つい》消滅」を起こすことです。対消滅とは、反粒子が対応する粒

図5-2　電子対消滅

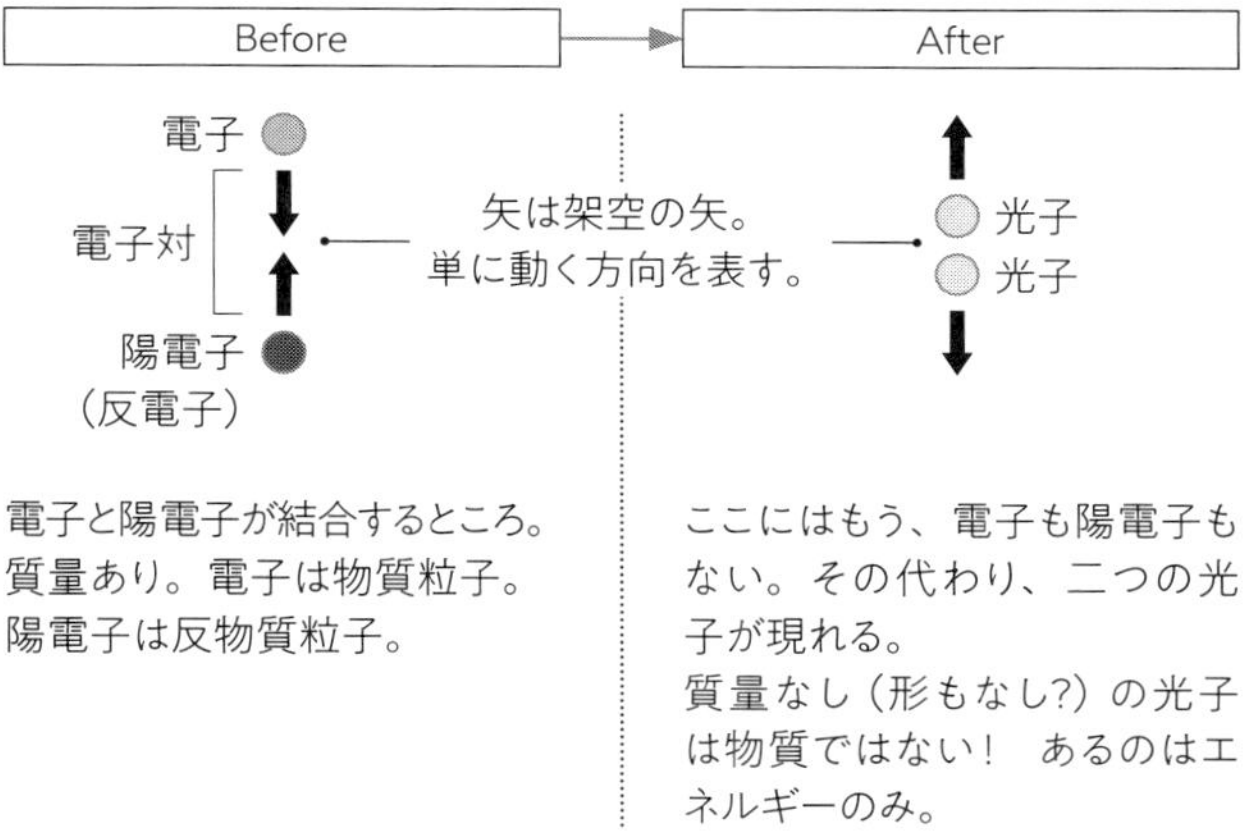
Before
After
電子
電子対
陽電子
（反電子）
矢は架空の矢。
単に動く方向を表す。
光子
光子
電子と陽電子が結合するところ。
質量あり。電子は物質粒子。
陽電子は反物質粒子。
ここにはもう、電子も陽電子もない。その代わり、二つの光子が現れる。
質量なし（形もなし?）の光子は物質ではない！　あるのはエネルギーのみ。

子とぶつかると、たちどころに両者ともに100％完全に消滅し、その消滅地点に純粋なエネルギーだけからできている電磁波（光子）が現れることです（図5－2）。「粒子－反粒子の対」が消滅することから、「対消滅」の名でよばれています。

対消滅が起こると、必ずその消滅地点に電磁波が現れます。図5－2の「ビフォア(Before)」では、電子と陽電子が互いに同じ速度で真正面からぶつかるので、全運動量はゼロになっています。運動量保存の法則から、「アフター（After）」でも全運動量（ゼロ）が保存されるためには、二つの光子が互いに真反対の方向に向かって現れなければなりません。

電磁波は物質ではないので、質量をもっていません。一方、物質粒子である電子と陽電子は

式5-11

光子のエネルギー

$$mc^2 = E$$

質量“m”kgが100%消滅して、その代わりに純粋なエネルギー E（光子）のみが現れる。光子はエネルギーをもつが、質量はもたない。

質量をもっています。したがって、対消滅は、物質が100%完全に消滅して、純粋なエネルギー（光子）に変換されることを意味しています。194ページの❶、すなわち「物質のエネルギー化」に相当します。

この現象は、$E=mc^2$を逆転して、左辺と右辺を交換した状態と考えることができます（式5-11）。つまり、質量mがエネルギーEに変換されるということです。

これとまったく逆の現象が、「電子対創生」です。

大きなエネルギーをもつガンマ線は電磁波（光）の一種なので、粒子（光子）としてもふるまえます。その際、大きなエネルギーをもつ光子が100%完全に消滅して、その消滅点に「電子-陽電子の対（ペア）」が現れる現象が起こることがあるのです。光子1個が消滅して「電子-陽電子」の対が現れるこの現象を「電子対創生」といいます。100%純粋なエネルギーが完全消滅して、物質が現れる「エネルギーの物質化」です。

質量ゼロの光子が質量をもつ物質粒子に変わるこの現象が起こるためには、光子は少なくとも、誕生する二つの電子（電子-陽電子の対）の静止エネルギー（$2\times m_0c^2$）よりも大きいエネルギーをもっている必要があります。これもまた、$E=mc^2$のからくりに基づく現象です。

＊

$E=mc^2$は、実に滋味深い数式です。

エネルギーと質量、それに光の速度という、物理的にも理解が容易で馴染みの深い、たった三つの〝登場人物〟からなるシンプルな方程式。しかしその真髄は、驚きに満ちた現象を次々に生み出す、「世界一有名」の称号に恥じない驚異の数式です。

時にエネルギーを物質に変え、またある時には物質をエネルギーに変える――。$E=mc^2$に触れていると、「物質とはなにか」「エネルギーとはなにか」という根源的な問いが頭の中をぐるぐると旋回します。

でも$E=mc^2$には、さらなる驚異が隠されているのです。なにもないはずの空間＝真空で起こる謎めいた現象とは、いったいどういうものか。最晩年のアインシュタインを悩ませた難題にも目配りしながら、本書最後のからくりを解き明かすことにしましょう。

第6章
「真空のエネルギー」のからくり
——$E=mc^2$と「場のゆらぎ」のふしぎな関係

真空とはなにか

第4章の末尾で、「不確定性原理を真空に適用すると、『とんでもない現象』が起こります」と予告しました。第5章では、$E=mc^2$を通じての、「物質のエネルギー化」と「エネルギーの物質化」という驚くべき現象を詳しく見ましたが、真空空間においては、さらに摩訶《まか》不思議な出来事が$E=mc^2$を介して生じています。

いったいどんな現象が起こっているのか、それを知るためにはまず、「真空とはなにか」について話さなければなりません。

「えっ、『真空とはなにか』だって？　そんなの簡単だ。何もない空間に決まってる！」

そんな声が聞こえてきそうです。当然ですね。真空とは、「空気をはじめとするあらゆる物質やエネルギーを完全に取り除いた、完璧に空っぽの空間」ということになっているのですから。

ところが、真空はそれほど単純な構造をしてはいません。この一文に違和感を覚えた人は、物理学のセンスに富んだ方かもしれません。そうです、「何物も存在しない、空っぽの空間」であるはずの真空に、〝構造〟があるのです。

実は真空には、〝発生源のないエネルギー〟が存在します。より正確にいえば、空間から一切合切——すなわち、あらゆる物質とエネルギーを取り除いても、どうしても真空に取り残されてしまうエネルギーがあるのです。さらには、真空のいたるところで、無数の粒子たちが、生じては消え、消えては生じを繰り返しています。厄介なことに、この両者はいずれも、私たちには決して見ることができません。観測不能なのです。

もっと奇妙なことをお話ししましょう。

実はこの、「発生源のないエネルギー」と「生成消滅を繰り返す無数の粒子たち」が、同一のものだというのです。エネルギーと粒子が同一……!? 勘のいい人にはもうおわかりですね。$E=mc^2$の気配が漂っています。

「見えぬものでもあるんだよ」

すっかりお馴染みとなった「思考実験」を、ここでもやってみましょう。

あなたは、なんら特別な装置を身につけることなく、そのままの状態で絶対ゼロ度の真空空間に放り出されても生存できる特殊体質の持ち主であると仮定します。さらに、その真空空間には重力場がまったく存在しないものとします。

あなたは、空気の有無を確かめるための検出器を携えていますが、空気が存在すれば鳴るはずのブザーが一向に音を立てません。あなたはきっと、こう思うことでしょう。

「やっぱり私が思ったとおりだ。真空には何もない。空気分子一つ存在しない。手を動かしても何の感触もない。真空は文字どおり空っぽだ」

あなただけではありません。ほとんどの人には「真空とは何もない空っぽの空間である」という固定観念が強く植えつけられています。それは、「真空」というものが人間の五感（視覚、聴覚、触覚、味覚、嗅覚）にいっさい訴えかけてこないからです。なんの感触もない、何も見えない、聞こえない……、となれば、「そこには何もない！」と自信をもって〝判断〟できます。

でも本当は、「もし人間の五感にまったく反応しない〝何か〟が存在したら？」と考えるのが科学的態度というものです。空気分子の存在を知らなかった時代の人たちには、地上の空間は「何もない」と感じられたことでしょう。否、現在でも、空気についてなんの教えも受けていない幼子は、自分の周囲の空間は〝何もない空っぽ〟だと感じているはずです。

でも実際には、私たちの目に見えないだけで、もちろん空気が存在しています。単に何も見えないからといって、「ここには何もない」と結論を下すのは〝早合点〟というものです。詩人・金子みすゞが『星とたんぽぽ』という作品でうたっているように、「見えぬけれどもあるんだよ、見えぬものでもあるんだよ」なのです。そして、実際に真空には、人間の五感に訴えることのない〝何か〟が存在することがわかったのです。

目には見えなくとも、空気は、その温度や圧力がたえず変化しています。同様に、真空に存在する〝何か〟も変化を繰り返しています。すなわち、真空に存在するこの〝何か〟は、物理学の対象になりうる〝何か〟なのです。そこには、解き明かすべき「からくり」が存在します。そして、そのからくりこそが、アインシュタインをして「特殊」相対性理論を「一般」相対性理論へと発展させることになるのです。

では、何が存在しているのか？

空気の存在する空間において、どこもかしこもまったく同じ温度で、どの部分における圧力もまったく同じであるとき、この空間における空気はどの部分をとっても物理的にはまったく同じです。

今、この空気のある空間を観測できる観測装置を考えてみます。この観測装置を違う場所に移動させても、どんな角度で回転させてみても、なんの変化も現れないとします。すると、「場所を移す」とか「回転させる」といった〝操作〟を施す前後で、この空気の存在する空間はまったく同じように観測されます。このような状態にある「空気の存在する空間」は、「対称である」または「対称性を保っている」といいます。

実は、現在の宇宙を構成する真空空間は、対称性が保たれていません。対称性が破れた結果、

$E=mc^2$に欠かすことのできないm、すなわち質量が誕生するのですが、それはもう少しあとで詳しくお話しすることにします。

さて、完全真空には、人間の五感に訴えかけてこない〝何か〟が存在しますが、宇宙初期の真空空間は、先の「空気の存在する空間」と同様、場所や角度を変えてもなんの代わり映えもしない「完全対称」の状態にありました。では、その「真空に存在する〝何か〟」とは、いったいなんなのでしょう?

ヒントは、第3章で登場した「場」にあります。実は、完全真空に存在する人間の五感に訴えてこない〝何か〟とは、「量子場」というきわめて抽象的な場なのです。

そして量子場は、つねにゆらいでいます。本章の冒頭で、「真空のいたるところで、無数の粒子たちが、生じては消え、消えては生じを繰り返して」いるといいました。この生成消滅を繰り返す無数の粒子たちを生み出すものこそ、「量子場のゆらぎ(真空のゆらぎ)」なのです。

生成消滅を繰り返す粒子たちの寿命はきわめて短く、誕生してはすぐにも泡のように消え去り、姿が見えなくなったかと思えばまたすぐに現れます。その〝生き様〟は、どう見ても私たちの身体をはじめとするこの宇宙のすべてを構成している物質粒子とは、明らかに趣《おもむき》が異なっています。

この不可解なふるまいをする粒子を、「仮想粒子」とよびます。実に真空とは、無数の仮想粒子たちに充ち満ちた世界なのです。そして、そのような粒子で埋め尽くされていてもなお、真空は真空であり、宇宙初期の真空空間は「対称性」を保っていたのです。

ゼロ点振動とはなにか

完全真空に存在する「量子場のゆらぎ」とはなんでしょうか？

温度と比較しながら、考えてみましょう。

どんな物質にも、「固体相」「液体相」「気体相」という三つの「相」が存在します。ある物質がどの相になるかは、その物質の温度が決めます（正確には、圧力も関与しています）。物質の温度とは、その物質を構成している原子や分子の「平均運動エネルギー」です。粒子の運動エネルギーは、粒子の速度に依存します。完全静止している粒子の運動エネルギーはゼロです。

今、ある物質を構成している原子や分子がすべて、完全静止しているものとします。そのような状況下では当然、原子や分子の平均運動エネルギーはゼロとなり、したがって、この物質の温度もゼロとなります。

平均運動エネルギーがゼロになっているわけですから、これ以下の温度は存在しません。原子や分子の平均運動エネルギーを基にして定義された温度は、「絶対温度」とよばれています。絶対温度における最低温度が、「絶対ゼロ度」です。絶対ゼロ度を摂氏に換算するとマイナス（氷点下）273・15度になり、これがこの宇宙における温度の下限です。

原子や分子のまったく存在しない完全真空においては、当然にして運動エネルギーなど生じえません。すなわち、完全真空の温度は絶対ゼロ度となります。

ところが、ここで〝あらゆる量子のふるまいを律する根本原理〟が、その威力を存分に発揮します。148ページで登場した「不確定性原理」です。不確定性原理に二つの側面があることは、すでにご紹介したとおりですが、その両側面がそれぞれに完全真空に影響を及ぼし、何もないはずの空間で$E=mc^2$が活躍するお膳立てをするのです。

さて、不確定性原理の第一の側面「位置と運動量の不確定性原理」によれば、粒子の速度（運動量）とその位置にはつねにあいまいさが伴い、確定値を得ることはできません。ところが、「絶対ゼロ度において粒子が完全静止する」ということは、その粒子の速度（運動量）が正確にゼロであることを意味します。すなわち、運動量＝0という確定値をもつことになります。

〝あらゆる量子のふるまいを律する根本原理〟である不確定性原理が、このような粒子の存在を許すはずがありません。すなわち、運動量が正確にゼロとなって、粒子が完全静止する事態は、文字どおり原理的にありえないのです！　完全静止することのできない粒子は、たとえ絶対ゼロ度の状況下にあっても、たえず振動を続けています。これを「ゼロ点振動」とよびます。ゼロ点振動の〝ゼロ〟は絶対ゼロ度に由来しています。

真空に取り残された場

完全真空の定義は、空気分子をはじめとするその他いっさいの「質量をもつ物質粒子」が一つもない空間です。この、「物質粒子が一つもない」というところが重要なポイントで、すなわち、「物質でないもの」なら、真空に存在してもよいことになります。

実際、電磁場に代表される「力の場」は、完全真空中でも存在しています。「力の場」だけは、真空から取り去ることができないのです。これが、第3章で紹介した「力が真空を伝わる」ことの意味でもあります。「場」は物質ではないので、取り残された場が存在していても真空は真空です。

そして「力の場」はエネルギー*E*をもっています。真空に取り残されている「場」のエネルギーは、この宇宙で考えうる〝最低エネルギー〟になっていますが、その値はゼロではありません。「宇宙最低ではあるものの、決してゼロではない」ことが、きわめて重要な意味をもっています。この、真空中の場がもつ最低エネルギーは、「真空のエネルギー」ということになります。

そして、この最低エネルギーをもつ「場」は、不確定性原理にしたがって「ゼロ点振動」しています。つまり、真空に取り残された「場」は、振動しているのです。この「場の振動」が、「量子場のゆらぎ」です。

「場の量子論」によれば、「場の振動」は「量子化」され、粒子となって現れます。この粒子こそ、先に登場した「仮想粒子」です。完全真空の空間において、人間の五感に訴えかけてくることのない量子場が振動していて、なおかつその振動から粒子が生まれる——。これはまさしく、「無」から物質（粒子）が生まれることに他なりません。「無」から粒子が生まれる⁉　いったいなぜ、そのようなことが可能なのでしょうか？

電荷保存の法則による制約

カギを握っているのは、不確定性原理の第二の側面である「エネルギーと時間の不確定性原理」です。

この原理は、「エネルギーの幅（不確かさ）」と「時間間隔」の積が一定値となり、どちらか一方が増せば他方が減少する反比例の関係にあることを示しています。そして、時間間隔が無限小になるような場合には、エネルギーの幅が極端に広がって、その幅内であればエネルギーがどんな値でもとりうることを意味します。

どんな値でもとりうるのですから、不確定性原理が許す時間間隔内においては、エネルギー保存の法則を破って、真空から（すなわち「無」から！）エネルギーが発生することになります。この、真空から発生したエネルギーは、存在が許される時間間隔がきわめて短いために、すぐさま真空に戻り、消滅してしまいます。

ここでふたたび、$E=mc^2$に出番が回ってきます。

不確定性原理によって許される時間間隔内に真空からエネルギーが現れるということは、このエネルギーが$E=mc^2$を経て質量に変換されうることを意味しています。すなわち、真空から（「無」から！）質量をもつ粒子が飛び出してくるのです。

ただし、粒子が誕生するにあたり、どのような粒子でも自由自在に生まれうるわけではありません。ここでもやはり、自然を支配する物理法則が重要な役割を果たします。「電荷保存の法則」です。電荷保存の法則とは、電荷は「無から発生したり、独りでに消滅したりすることは絶対にない」というもので、電荷に対しては不確定性原理は存在しません。

エネルギー保存の法則を破って、真空から粒子が飛び出てくる際に、たとえば単独の電子が現れることはありません。真空はもちろん電荷などもっていないので、単独の電子が現れてしまうと、マイナス電荷過剰の状況が生まれてしまい、電荷保存の法則を破ることになるからです。115ページで述べたように、電荷は必ず物質粒子に付随するため、電荷のない真空から電荷をもつ粒子が単独で現れることはありません。単独で？　では、複数ならどうなのでしょう？

そうです、たとえば正負の異なる等量の電荷をもつ二つの粒子がペアで誕生するなら、電荷保存の法則は遵守されるわけです。「正負の異なる電荷をもつ二つの粒子のペア」と聞いて、ピンと来た人もいるのではないでしょうか。第５章で登場した「反粒子」を思い出してください。もとの粒子と質量は同じながら、正負の異なる電荷をもつ粒子です（電荷の量はもとの粒子と同じ）。

すなわち、電荷保存の法則を満足しながら、真空から荷電粒子が発生するためには、必ず「粒子－反粒子」のペアになっていなければならないということです。電荷ゼロの真空から、総電荷ゼロの「粒子－反粒子対」が現れても、電荷保存の法則は守られています。

とはいえ、こうして無事に誕生した「粒子－反粒子対」も、不確定性原理によって制約された時間間隔以内にペアを解消して真空に消え失せてしまわなければなりません。結局、真空においては、「粒子－反粒子対」がそこかしこで〝生成〟と〝消滅〟を繰り返していることになります。

また、電荷をもたない粒子に関しては、電荷保存の法則はなんら影響を及ぼさないので、真空中では、光子による〝生成〟と〝消滅〟も繰り返されています。さらには、光子が消滅する前に「電子－陽電子」のペアに変わり（まさしく電子対創生！）、またそのペアが消滅して光子になったりしています（電子対消滅）。

賑々《にぎにぎ》しく栄枯盛衰を繰り返す真空空間であるわけですが、私たちは決して、これら粒子たちの〝生成／消滅〟のドラマを直接、観測することはできません。なぜなら、これらの粒子の〝寿命〟は、不確定性原理に基づいてエネルギー保存の法則を破ることが許される、きわめて短い時間間隔内に限られているからです。決して観測することができないという意味から、これら粒子はすべて「仮想粒子」とよばれているのです。

この仮想粒子の〝出没〟によって真空のエネルギーが変動するため、これもまた「量子場のゆらぎ」の源となります。ただし、ゆらいでいるとはいえ、真空のエネルギーは前述のとおり、この宇宙で最も低いエネルギー状態になっているために、絶対に取り出すことはできません。なぜって？

エネルギーは、水がそうであるように「高き」から「低き」に流れます。真空のエネルギーも例外ではありません。真空のエネルギーを私たちの世界に取り出すためには（私たちの実世界に流れ込むようにするためには）、これよりもさらに低いエネルギー状態を作ってやらねばなりません。しかし、この宇宙で最も低いエネルギー状態にある真空よりもさらに低いエネルギー状態など、どうすれば作ることができるでしょうか？

真空のエネルギーは無限大？

量子力学の台頭からほどなくして、量子力学と特殊相対性理論の組み合わせから「場の量子論」が登場しました。場の量子論によれば、質量があろうがなかろうが、すべての素粒子は「場の振動」が量子化された結果として、粒子（量子）となったものたちです。

たとえば、真空には「電子場」という場があります。電子場の振動を量子化した粒子が、電子となるのです。同様に、真空にある電磁場の振動は、光子という粒子になります。真空に取り残された量子場の振動、すなわちゼロ点振動を量子化した粒子が、仮想粒子ということになります。

量子力学によれば、粒子はまた、波としてもふるまいますが、これは仮想粒子にもあてはまります。真空全体（宇宙）では、$E=mc^2$を通して、無限個の仮想粒子が出没していることになります。

この事実から、この真空空間には無限大のエネルギーがひそんでいるのではないか、という疑問が生じます。どういうことでしょうか。

不確定性原理に従って真空に現れる時間こそ短い代わりに、エネルギー保存の法則を破ることができるということは、その短時間に出現する仮想粒子のエネルギーはどんな値でもとりえます。ある一つの仮想粒子がとりうるエネルギーには、もちろんただ一つの値しかありませんが、無限個の仮想粒子が出没していることを考えると、各仮想粒子のとりうるエネルギーの幅は、ゼロから無限大ということになります。これこそ、エネルギーの値が不確定という意味です。

こんどは、波としての仮想粒子を考えてみましょう。

波とは、「振動」がなんらかの媒質を伝わる現象です。ここで考えている媒質は真空ですから、仮想粒子の波は、真空中を伝播する波ということになります（必ずしも電磁波のことをいっているのではありません。仮想粒子が波としてふるまう、そのような波のことです）。

どんな波も、振動数と波長をもっています（110ページ参照）。粒子が波としてふるまっているとき、その波はある振動数をもって振動します。量子力学によれば、波としてふるまえる粒子のもつエネルギーは、振動数に比例します。粒子のもつエネルギーは振動数が大きいほど（速く振動するほど）大きくなり、振動数が小さいほど（遅く振動するほど）小さくなります。

波としてふるまう際の仮想粒子のエネルギーも、その波の振動数に比例します。無限個の仮想粒子が真空のあちこちに出没しているということは、それら仮想粒子に対応する波の数もまた、無限個あることになります。仮想粒子のエネルギーの値が定まらず、とりうるエネルギーの幅がゼロから無限大にまで広がっているということは、対応する無限個の波の振動数もゼロから無限大にまで広がっていることになります（いうまでもありませんが、振動数ゼロはまったく振動しないことであり、振動数無限大は1秒間に無限回振動することです)。

そして、仮想粒子が波としてふるまうこの波こそが、真空に取り残されているさまざまな「場」のゆらぎ(場上にできるさざ波)なのです。そして、この場の振動が「ゼロ点振動」となり、そのゼロ点振動の伝播もまた波になりますが、この波のもつエネルギー(振動数に比例する)が「ゼロ点エネルギー」となります。この「ゼロ点エネルギー」こそが、真空のエネルギーとなるのです。

真空には無限個の「ゼロ点振動」があり、それぞれが異なった振動数で振動しています。遅く振動するゼロ点振動もあれば、速く振動するゼロ点振動もあります。ゼロ点振動の振動数の範囲も、ゼロから無限大に及びます。ゼロ点エネルギーはゼロ点振動の振動数に比例するので、真空のエネルギーを計算するときは、個々のゼロ点エネルギーに対応する振動数を足し合わせます。つまり、振動数ゼロから振動数無限大までを足し合わせるのです。

ゼロから無限大までの振動数を連続的に足し上げていくと、真空のエネルギーは確実に無限大になってしまいます。仮に不連続に増加する次の例でも、ゼロから無限大まで足し上げると無限大になってしまいます。

0+1+2+3+……+1001+1002+……+無限大=無限大

結局、場の量子論に従えば、真空の温度が絶対ゼロ度であっても、真空のエネルギーは無限大になってしまうのです。しかし、真空のエネルギーが無限大などということが、本当にありうるのでしょうか？

「宇宙最小の長さ」がある！

前述のとおり、波は振動数と波長をもっており、両者は反比例の関係にあります。無限個ある波のとりうる、異なる長さの波長の数も無限個あり、そうなると波の波長はゼロから無限大の長さにまで及ぶことになります。波長と振動数は互いに反比例するわけですから、波長が短いほど振動数は大きくなり、波長ゼロでは振動数無限大にいたります。波長ゼロの波が無限回振動する!?　そんなことがありうるのでしょうか？

実は、この宇宙の真空には、「最小の長さ」というものが存在します。この、宇宙最小の長さを「プランクの長さ」とよび、これ以下の範囲では物理法則が適用できません。つまり、プランクの長さより短い波長は存在しえないのです。

プランクの長さより短い波長が存在しないということは、波長ゼロが回避されるということであり、同時に無限大の振動数を回避できることになります。すなわち、振動数無限大で振動するゼロ点振動は存在しないことになります。

結果として、「場の量子論」から出てくる真空のエネルギーは無限大ではないということになりますが、なにしろプランクの長さは1・6162×10^{-33}㎝という人間の感知能力をはるかに超える短さなので、ゼロ点振動の最大の振動数も想像を絶する巨大な値となります。したがって、真空のエネルギーは、決して無限大ではないものの、それでも無限大に近いようなきわめて大きなエネルギーとなります。

真空のエネルギーと熱エネルギー

無限大ではなかったとはいえ、それほど巨大なエネルギーを秘める真空が絶対ゼロ度を保っているのは、なんだかふしぎですね。

その秘密は、エネルギーの種類にあります。真空のエネルギーは、熱エネルギーではないということなのです。そのため、真空にどれだけエネルギーがあろうが、真空の温度は絶対ゼロ度から変わりません。そして、真空の温度がこの宇宙の最低温度＝絶対ゼロ度を維持するために、真空のエネルギーを取り出すことができないのです。

ただし、真空中に、実際に観測されうる電磁波（光）が存在すると、話が変わってきます。そのような電磁波を、〝実の電磁波〟とよぶことにしましょう。

太陽からの光を含め、私たちの目に感ずることのできる光はすべて、エネルギーをもっています。地上空間には昼夜を問わず、〝実の電磁波〟が飛び交っています。昼間は、太陽からの〝実の電磁波〟がやってきます。

電磁波は、光子の集団として扱うこともできます。今考えている光子は〝実の光子〟であって、仮想光子ではありません。真空に膨大な数の〝実の光子〟があると、もともとの「真空のエネルギー」に加えて、それらの光子がもつエネルギーが現れます。実測できる実の光子は、最低エネルギーにはなっておらず、取り出すことが可能です。

たとえば、〝実の電磁波〟（光）が物体に吸収されると、その物体は温められて温度が上がります。否、温度が上がるどころか、燃えてしまうことすらありえます。凸レンズで太陽光線を集めて薄い紙の上に焦点を当てると、紙は燃えてしまいます。

これはすなわち、光が「熱エネルギー」に変換されることを意味しています。したがって、（〝実の〟）光があると、等価的に熱エネルギーをもつことができる真空の温度は、絶対ゼロ度ではなくなります。光のエネルギーによっては、真空は何兆度という高温にもなりえます。また、現在の宇宙にはビッグバン当時の〝残光〟があり、「宇宙背景放射」として観測されていますが、その温度は摂氏マイナス270度ほどです。

「質量の起源」には貢献しなかった$E=mc^2$

先ほど、「真空のエネルギーを取り出すことができない」といいました。このことは、非常に重要な意味をもっています。$E=mc^2$を通して、いかに無限個の仮想粒子が生まれていようとも、仮想粒子からだけでは、決して物質が生まれることはないことを意味しているからです。実際、膨大な仮想粒子が寄り集まって物質を構成するなどという出来事は、宇宙開闢《かいびゃく》以来、一度も起きていません。

実は、宇宙誕生初期の真空のエネルギーからは、$E=mc^2$によって質量を生み出すことができないのです。その理由は、真空のエネルギーが実際に観測できる、〝実の〟エネルギーではないことによります。物理学の重要なテーマの一つに「質量の起源」がありますが、さしもの$E=mc^2$も、最初期の質量（m）の誕生には関わっていないのです。

ではいったい、何が質量を生み出したのか？　$E=mc^2$が威力を発揮できる下地を作りだしたのは〝誰〟なのか？　そのカギを握るのは、「対称性」です。

本章の序盤で、宇宙初期の真空空間は「対称性」を保っていた、と説明しました。「現在の宇宙を構成する真空空間は、対称性が保たれていません」とも。まずは宇宙誕生初期に起こった出来事を振り返りながら、なぜ対称性が破られたのか、質量はどう誕生したのかを見ていくことにしましょう。

光速度 c を超える猛スピード!?

誕生直後、まだ物質の存在しない「無」の状態にあった時代に、宇宙は瞬間的な大膨張＝インフレーションを起こしました。インフレーションを引き起こした場は、「インフラトン場」とよばれています。

宇宙誕生直後に発生した真空には、すでに不確定性原理による量子力学的なゆらぎがあったと考えられます。当時の宇宙空間は、原子1個よりもはるかに小さかったため、不確定性原理による「真空のゆらぎ」の効果が顕著に現れます。その真空のゆらぎは、インフレーション（宇宙の大膨張）によって引き伸ばされて全宇宙空間に「シワ」を作り、そのシワが、こんどは宇宙の温度にムラを作った結果、銀河形成の種《たね》となったのです。これもまた、実にふしぎな現象です。

理論的には、インフレーションは宇宙誕生の10^{-36}秒後から10^{-34}秒後までの間に起こったと考えられています。この時間間隔は、小数点以下にゼロが33個も並ぶ、人間の知覚をはるかに超えたごくごく短いものです。

また、インフレーション直前の宇宙の大きさは10^{-32}㎜程度とされていますが（もちろん、正確な値はわかりません）、このとてつもなく短い間に10^{33}倍にまで膨れ上がったと考えられています。インフレーション終了直後の宇宙の大きさは、１㎝と見積もられていますが、これももちろん概算値です。

　ともあれ、インフレーションによって宇宙は10^{-34}秒間に10^{-32}㎜から１㎝まで膨れ上がったことになります。「なーんだ、たった１㎝大になっただけなのか」なんていわないでください。10^{-34}秒間に33桁も大きくなったのですよ！

　このインフレーション期の宇宙の膨張速度は当然、光の速度（c）をはるかに超えています。「あれっ、光速度cこそ、この宇宙における速度の上限じゃなかったの⁉」という抗議の声が聞こえてきますが、実はこれは、相対性理論になんら〝違反〟していないのです。その理由は、インフレーションが真空空間そのものの膨張であるためで、光速度を超えても問題ありません。

　これほど猛烈な膨張が起こるためには、それ相応のエネルギーが必要となります。インフレーションのエネルギー源は、実はまだはっきりとは解明されていませんが、「真空のエネルギー」であると考えられています。宇宙の立場から考えた真空のエネルギーは、アインシュタインが提唱した「宇宙定数」で説明されていますが、これについてはまたのちほど。

質量＝mの起源

インフレーションが終わると、宇宙空間には真空のエネルギーが解放されるようにどっと大量の熱が入り込み、あたかも原子爆弾が炸裂したような高温状態になりました。このとき、強烈な光が発生し、いわゆる「ビッグバン」とよばれる現象が生じます。ビッグバンそのものが、なぜ起こらなければならなかったのかという本質的な理由は、実はまだわかっていません。

ビッグバン時の宇宙空間には、高エネルギーの光子が大量に発生していました。この光子は、仮想光子ではなく〝実の光子〟ですが、もちろん質量ゼロです。光は、物質を温めたり焦《こ》がしたり、あるいは燃やしたり溶かしたりすることができます。先にも見たとおり、光のエネルギーは「熱エネルギー」に変換されうるからです。ビッグバンが起きた当時の光による宇宙の温度は、はっきりとはわかっていませんが10^{20}度（1兆の1億倍）程度と見積もられています。

インフレーションが終了したのが宇宙開闢から10^{-34}秒後のことなので、これに続くビッグバンが起きたのも10^{-34}秒と同じころであったと推測されます。すなわち、宇宙にビッグバンが起きたのは事実上、138億年前ということになります。ビッグバン以降の宇宙は、ゆっくりと膨張を続けていきます。

ところで、ビッグバンが起きた当時の宇宙空間には、大量の〝実の光子〟に加え、あらゆる種類の素粒子（電子やクォークなどの内部構造をもたない粒子）が、質量のないまま、光速度で飛び交っていました。さらには、これらすべての粒子の反粒子も、やはり無質量のまま光速度で飛び回っていたのです。特殊相対性理論に従って、質量のない粒子は必ず光速度 c で走らなければなりません。そしてこのとき、「ヒッグス粒子」とよばれる粒子も、やはり宇宙空間を飛び回っていました。

インフレーションが終わり、ビッグバンから100億分の1秒が経過したとき、真空に大きな変化が生じます。それは、$E=mc^2$ ではなしえなかった、「素粒子に質量を与える」出来事でした。真空に相転移が起こり、対称性が自発的に破れたのです。この「自発的対称性の破れ」が生じた結果、真空にはヒッグス場が現れました。このあたりの詳細は、紙幅の都合上、割愛せざるをえないので、興味のある方は他書、たとえば拙著『真空のからくり』（講談社ブルーバックス）をご参照ください。

ヒッグス場が現れると、真空中を飛び回っていた無数の電子やクォークなどの「素粒子、反素粒子」はヒッグス場と反応し、質量を獲得します。ヒッグス場との反応の仕方は素粒子の種類ごとに異なり、強く反応する粒子が大きな質量を得る一方、軽くしか反応しない粒子は少量の質量しか獲得しません。なお、素粒子たちがヒッグス場との反応から得る質量は「静止質量」です。

消えた反粒子

ビッグバンから０・０００１秒後、きわめて微妙な現象が起こります。

それは、粒子と反粒子とでは、弱い相互作用の起こり方が少し違うことに起因した現象です。このために粒子と反粒子の数にアンバランスが生じ、粒子の数がほんのわずかだけ反粒子の数を上回った結果として、同数ずつの粒子と反粒子が対消滅した後に、粒子だけが残ったのです。

わずかな数の違いで生き残った粒子から物質が生まれ、やがては私たち人類が誕生することになります。もし少数だけ上回ったのが反粒子の側だったら、反物質からできあがった宇宙や人間が存在していたのでしょうか……？　いずれにしても、なぜ粒子だけが残り、反粒子が消えてしまったのか、現在の素粒子論の基礎を成している「標準模型」では、十分に説明できない難題です。

前述のとおり、ビッグバン以前の真空のエネルギーでは、当時は無質量だった素粒子に$E=mc^2$を通して質量を与えることはできませんでした。自発的対称性の破れが起こるまでは真空のエネルギーが高く、ヒッグス場の顕在化を妨げていたのですが、真空のエネルギーが最低になって初めて、ヒッグス場が発動したのです。言い換えれば、自発的対称性の破れによって、真空にはっきりとヒッグス場が現れたということになります。

ヒッグス場が発動した結果、電子やクォークなどの素粒子が質量（m）を獲得します。特殊相対性理論によって、いったん質量を獲得した素粒子はもはや、光速度cで走ることはできません。質量に応じて減速され、それぞれ光速度以下の速度で走るようになります。

一方、ヒッグス場とまったく反応しない光子は質量を獲得することなく、相変わらず光速度のまま飛び続けます。こうして、宇宙空間はもはや対称ではなくなってしまいました。

宇宙から質量が消えてしまったら……？

ヒッグス場もまた、他の場と同じように量子的にゆらぎます。この量子的ゆらぎが、ヒッグス粒子をもたらすのです。

真空空間に、局所的な巨大エネルギーをどかんと注ぎ込んでやると、ヒッグス場の量子ゆらぎがエネルギーを獲得して、私たちの前に「ヒッグス粒子」として〝顔〟を出します。しかし、このヒッグス粒子はあまりにも質量が大きく、その結果$E=mc^2$を通してエネルギーが極端に高いためにきわめて不安定な状態にあります。そのため、あっという間もなく、より軽く、安定な粒子へと崩壊します。その崩壊過程を念入りに調べることによって、ヒッグス粒子の痕跡を発見したわけです。

ただし、２０１２年に発見されたヒッグス粒子は、あくまでも「標準模型」の範囲内におけるヒッグス粒子です。したがって、標準模型を超えた領域では、さらに他種のヒッグス粒子が存在する可能性が十分にあります。

ヒッグス場は今現在もなお、地球を含む宇宙全域にわたって存在しています。もしヒッグス場が消えてしまったら、この宇宙からいっさいの質量が消え去ってしまう結果、すべての物質が消滅してしまうことになります。そうなってしまったら、$E=mc^2$の役割は……？

なお、「自発的対称性の破れ」のアイデアは、２００８年にノーベル物理学賞を受賞した南部陽一郎博士の構想に基づくものです。南部博士の着想に触発されてヒッグス粒子を予言した科学者は５人いますが、そのうちの二人が２０１３年のノーベル物理学賞を受賞しました。ヒッグス粒子の名前の由来となったピーター・ヒッグス博士と、フランソワ・アングレール博士です。

元素周期表に載っていない物質

実は近年、これまで十分に解き明かされてきたと思われていた宇宙のからくりに、新たな謎があることがわかってきました。その一つが、「暗黒物質（ダークマター）」の存在です。

高校化学の教科書には、「元素周期表」が必ず掲載されています。２０１８年１月末時点の元素周期表には、118種の原子が掲載されています。これらはいずれも、ヒッグス場を通して質量を獲得した粒子から成っています。この宇宙に存在するすべての物質は、元素周期表に掲載された原子から構成されている……と思いきや、まったくそうではないことが判明しました。

この宇宙に存在する物質（質量）のうち、実に約27％が元素周期表に記載されたものとは異なる存在であることがわかったのです。それはいったい何物なのか？　現在のところ、その〝正体〟はわかっておらず、光とは相互作用しないという性質から「暗黒物質（ダークマター）」とよばれています。

暗黒物質の質量は、ヒッグス場を通して得られたものではありません。では、いったいどうやって質量を得たのか。暗黒物質そのものがヒッグス粒子からできているのではないかという推測もありますが、これまでの観測結果からは暗黒物質がきわめて安定である一方、ヒッグス粒子は先述のとおりきわめて不安定ですぐに崩壊してしまうことがわかっています。

他方、驚くべきことに、元素周期表に記載された原子から構成されている〝ふつうの物質〟は、宇宙全体のわずか5％程度しか存在しないとわかりました。正体不明の暗黒物質のほうが圧倒的に多いというのですから衝撃です。

正体がわかっていない以上、暗黒物質の発生源も不明です。重力作用の観測から、暗黒物質の質量は「重力質量」でもあるために「万有引力」に寄与し、銀河中にたくさん含まれていて膨大な数の星を銀河内に閉じ込めておく役割を果たしていることがわかっています。暗黒物質の重力作用はまた、「銀河の形」にも影響を及ぼしているようです。このように考えると、過去の宇宙でたくさんの銀河が形成された際に、暗黒物質が重要な役割をしていたことがわかります。

さて、宇宙のからくりに加わった新たな謎には、もう一つ「ダークエネルギー」が存在します。これまた謎めいたこのエネルギーを$E=mc^2$を介して質量に換算すると、実に宇宙全体の68%も占めていることがわかったのです！　これがいったいどういうエネルギーなのかを知るために、発見の経緯から確認してみることにしましょう。

その過程には、アインシュタインが考え抜いたエネルギー（E）と質量（m）をめぐる数奇な物語が待ち受けています。

エネルギーと質量が曲げるもの

先に、真空には物理学の対象になりうる〝何か〟があり、そこには解き明かすべき「からくり」が存在すると指摘しました。そして、そのからくりこそが、アインシュタインをして「特殊」相対性理論を「一般」相対性理論へと発展させることになったのだと予告しておきました。

いよいよ、一般相対性理論の登場です。本書の主役である$E=mc^2$は、あくまでも特殊相対性理論からの帰結ですが、一般相対性理論への発展によって、その役割をさらに深化させていくことになります。

一つの物体が真空空間を経てまったく別の物体に重力を及ぼすという事実もまた、物体と同じく真空が物理学の対象になりうるなんらかの〝実体〟であると考えることを可能にします。そのような発想から、空間が「湾曲」すると考えたのがアインシュタインのすごいところです。そして、アインシュタインによれば、空間の湾曲は、その空間に存在する質量に左右されます。すなわち、質量が空間を湾曲させるのです。

「特殊相対性理論」を1905年に発表したアインシュタインは、その10年後の1915年に「一般相対性理論」を発表しています。特殊相対性理論が「特殊」たるゆえんは、「一定速度で走る慣性系」でのみ成り立ち、加速する系が対象外となっていることでした。

慣性系だけを考えたのでは一般性に欠けることを熟知していたアインシュタインは、それがどんな座標系であろうが——速度が一定であろうが加速されていようが——、あらゆる座標系から観測しても物理法則が不変である一般相対性理論を10年の歳月をかけて構築したのです。この一般相対性理論は、事実上の「重力理論」になりました。この理論は、「物体の慣性質量と重力質量とは区別がつかない」、あるいは「重力と慣性力とは区別がつかない」とする「等価原理」に基づいています。

一般相対性理論によれば、質量およびエネルギー（$E=mc^2$によって、質量はエネルギーと等価になることに、あらためて留意してください）は、その周囲の時間と空間（すなわち時空）を湾曲させます。そして、重力という力は、その時空の湾曲の度合い（どれほど湾曲されたか）によって表され、湾曲が大きいほど強く、湾曲が小さいほど弱くなります。つまり、一般相対性理論は「重力を時空の湾曲に置き換える」理論なのです。

注意が必要なのは、重力が時空を曲げるのではなく、質量（および$E=mc^2$を介してエネルギー）が時空を曲げるのです。では、時空の湾曲とはなんでしょうか？　時間と空間に分けて考えてみましょう。

まず、時間の湾曲とは、「時間の伸縮」すなわち時刻の刻み方が速くなったり遅くなったりすることです。これは、単に時計が故障して時間が遅れるといったこととは根本的に異なります。この世にいっさい時計が存在しなくても、あるいは人類が現れていなくても、この宇宙に存在している「時間」です。そのような本質的な時間の進み方が速くなったり遅くなったりすることが、「時間の伸縮」すなわち「時間の湾曲」です。

もう少し「時間の湾曲」について述べてみます。

重力場の弱い空間から重力場の強い空間を観察すると、重力場の強い空間における時間の進み方が重力場の弱い空間における時間の進み方より遅いのです。つまり、重力が強い空間では時間がゆっくり進むのです。逆に、重力場の強い空間から重力場の弱い空間を眺めると、後者の時間の進み方が速くなっています（すべては〝相対的〟！　ゆえに相対性理論！）。

重力理論の誕生

では、「空間の湾曲」とはなんでしょう？

私たちの周囲の空間は事実上、湾曲していません。なぜなら光が直進するからです。物体の影は、その物体の輪郭どおりに現れます。これが、光が直進している証拠です（註：光は電磁波という波であるため、物体の端を通過する際に少し曲がります。これを「光の回折現象」といいます。また、水やガラスによって「屈折現象」も生じますが、一般相対性理論による光の曲がりは回折や屈折とは関係がありません）。

しかし、湾曲している空間を通過するときは、その湾曲に沿って進むため、光の道筋は曲がってしまいます（湾曲している空間の2点間の最短距離に沿って進む）。湾曲している空間における光の道筋は「測地線」とよばれています。

単に「光」といったのでは、きわめて漠然とした表現になってしまうので、具体的に「レーザー光線」を考えてみます。レーザー光線が曲がったら、その空間は曲がっていることになります。

重力が時空の湾曲に置き換えられるのですから、重力場の存在する空間は湾曲していることになります。私たちの周囲の空間は、（空気があってもなくても）地球の質量による重力場で満たされています。それでも、レーザー光線が曲がるなどということは観測されず、実際にレーザー光線は直進します。これは、ほんの一部分の空間しか見ていないからです。たとえば、直径が１０００ｍの円を考えると、その円周上の一部分をなす１㎝は事実上、直線と見なされます。これと同じことです。

アインシュタインの一般相対性理論を表す方程式は、「重力場方程式」ともいわれています。この方程式の意味するところは「質量とエネルギー、それに運動量が時空を曲げる原因である」と表現することができます。この方程式（数式の形）は、一定速度で動いている慣性系から見ても、加速されている座標系（非慣性系）から見ても、まったく同じです（アインシュタインの重力場方程式についてさらに詳しく知りたい方は、拙著『時空のからくり』〈講談社ブルーバックス〉をご参照ください）。

もともとは慣性系だけにしか適用できなかった「特殊相対性理論」を一般化し、加速系を含めたすべての系でも成り立つ相対性理論として「一般相対性理論」は誕生しました。ところが、結果的にこの理論が重力を記述する「重力理論」となってしまったのです。

宇宙は重力によって牛耳られているので、一般相対性理論である「重力場方程式」を解くと、ブラックホールが登場したり、膨張宇宙が出てきたりします。

重力は天体を不安定にさせ、科学者を惑わせる

ところで、アインシュタインが自身の「重力場方程式」を導き出したとき、一つだけ気に入らない点がありました。質量mに起因するその問題をめぐって、アインシュタインは思い惑うことになります。晩年の彼を悩ませたその問題は、ニュートンが重力を発見したときに気づいていたものでもありました。

この広大な宇宙空間にはさまざまな物体、すなわち星や銀河などが存在しますが、すべては（プラスの）質量をもち、したがってそれらの間には重力、すなわち「万有引力」が働いています。あらゆる質量が引き合う結果、宇宙はきわめて不安定になってしまうのではないか——。

宇宙空間に浮かぶ三つの物体を例に考えてみましょう（図6－1）。左側の物体Aと右側の物体Cは、なんらかの方法でがっちりと固定されているものと仮定します（どのようにして固定されているかは問わないこと！）。一方、中間の物体Bは固定されておらず、自由に動けます。三つの物体はそれぞれ、他の物体から重力＝〝引力〟を通して引っぱられます。

図6-1

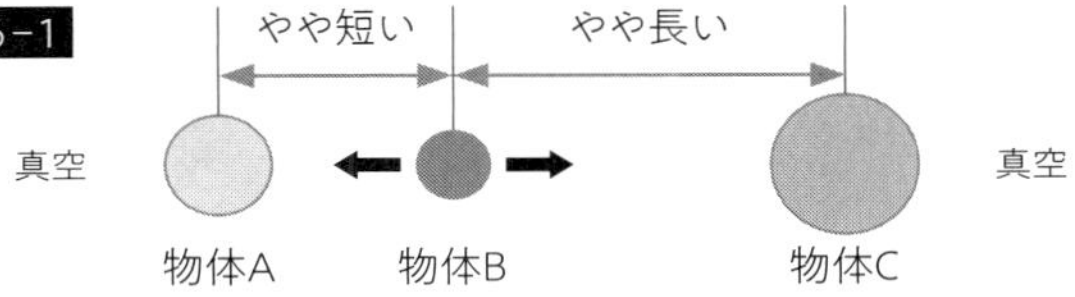

中間にある物体Bは、両脇にある物体Aと物体Cとから重力を受け、左右両方向に同時に引っぱられます。図中の矢はあくまでも〝架空の矢〟であり、中間の物体Bに作用する重力の方向とその強さを表しています。物体Aが及ぼす重力はより小さい一方、物体Bまでの距離がやや短く、物体Cが及ぼす重力はより大きい一方、物体Bまでの距離がやや長くなっています。物体Bの位置は、物体Aに引っぱられる力と物体Cに引っぱられる力がちょうど釣り合う位置にあります。つまり、物体Bに作用する正味の重力は、左向きの重力と右向きの重力が相殺されて正確にゼロとなります。二つの力が均衡しているこの状態では、物体Bは動きません！

ニュートンの重力理論によれば、二つの物体間に作用する重力は物体間の距離の2乗に反比例します。物体間の距離が半分になると重力は4倍に増え、物体間の距離が2倍になると重力は4分の1に減少します（弱くなります）。重力は、距離の変化に敏感に反応する力なのです。

したがって、ほんの少しでも物体Bが左寄り、あるいは右寄りに（0・001㎜でも）ズレてしまうと、もう「力の均衡」を保つことはできなくなり、物体Bはどんどん左に、あるいは右に加速され、物体Aないしは物体Cにくっついてしまいます。

これは、円錐のてっぺんにボール1個が載せられている状況に似ています（図6－2）。完全にバランスがとれた状態でいるときは、この状況を持続できますが、ほんの少しでもどちらかの方向にズレると、ボールはたちどころにてっぺんから転げ落ちてしまいます。てっぺんにいることそれ自体が、ボールをきわめて不安定な状態にするのです。「自然は高エネルギーを嫌う」ことを思い出してください。

図6－2

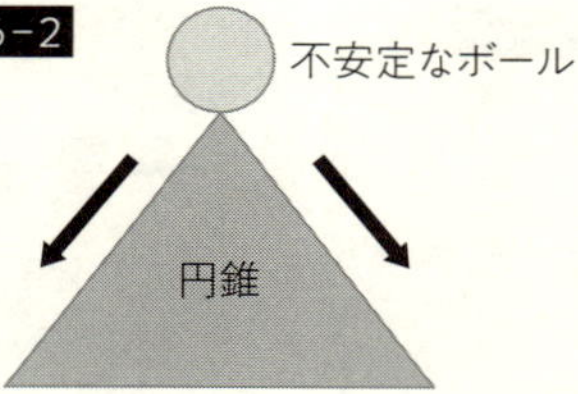

重力は、それが「引力」であるという理由だけで、このようにきわめて不安定な状態をすべての物体に与えるのです。

ここまでは、図6－1における物体Aと物体Cはがっちりと固定されていると仮定してきました。実際の宇宙では、物体Aも物体Cも固定などされていません。すると中間の物体Bは、円錐上のボール同様、きわめて不安定な状態になり、三つの物体がおとなしく静止していることなど、まったく不可能になります。繰り返しますが、このような不安定な状況が生まれるのは、重力が徹底的に「引力」であるためです。

このように考えると、この広大な宇宙空間に何兆個も存在する銀河が、どれも安定してそれぞれの位置に存在できるなどとは、とうてい考えにくいことです。ニュートンの時代には、宇宙にたくさんの銀河が存在することはまだわかっていませんでしたが、それでもニュートンは、宇宙が安定ではいられないことに気づいていました。

アインシュタインの「重力場方程式」にも、これと同じ問題が生じたのです。質量とエネルギーの等価性など知るよしもなかったニュートンは、より素朴に重力だけを案じればよかったのですが、$E=mc^2$を見出した当のアインシュタインは、他の誰よりも考え抜いてきたEとmの及ぼす効果に悩まされることとなったのです。

生々流転する宇宙項

アインシュタインが気づいたのは、自身の方程式を使って宇宙を大局的に見ると、宇宙における質量平均密度とエネルギー密度がともに時間的に変化していることでした。それは、質量（およびエネルギー）の密度が大きすぎると重力が強すぎて宇宙は縮んでしまうし、逆にこれらの密度が小さすぎると宇宙は膨張してしまう事実を示していました。

アインシュタインは、自分が何かを見落としているに違いないと考えて、宇宙の収縮や膨張をコントロールするための項を自らの方程式に付け加えたのです。それが、「宇宙項」とよばれるもので、宇宙定数λ（ギリシャ文字のラムダ）と係数$g_{\mu\nu}$の積で表されています（宇宙項＝$\lambda g_{\mu\nu}$）。

宇宙定数λはプラスにもマイナスにもなりうるし、またゼロにもなりえます。つまり、宇宙項を加えたほうが、アインシュタインの重力場方程式はより柔軟性を増し、より一般的になるということです。

そしてアインシュタインは、宇宙定数λを「プラス」に選びました。こうすれば、宇宙空間の各部分は互いに反発しあって退《しりぞ》けあい、あたかも「反重力」をもたらすように作用します。一方、宇宙にある物質（質量）は、自らが生み出す重力が徹底的に「引力」であるために銀河どうしを寄せつけるように作用します。すなわち、宇宙定数λをプラスの値に選ぶとは、「反重力」を生み出すことで宇宙に本来存在する重力と釣り合わせ、膨らみもしないし縮みもしない「静的な宇宙」をもたらす行為なのです。

これによって安定した宇宙を手にできれば、ニュートンが苦しんだ「重力によって不安定な状態に置かれた宇宙」という難題を解決することができます。

ところが、アインシュタインの重力場方程式には、宇宙項の有無にかかわらず、宇宙が膨張したり収縮したりする解が含まれることがわかったのです。これに追い討ちをかけるように、ハッブル（1889~1953年）が1929年、望遠鏡観測によって宇宙が膨張している事実を確認しました。現実の宇宙は、明らかに変動していたのです。

これによってアインシュタインは、自身の重力場方程式に導入した項に必要性がなかったことを認め、宇宙項を取り下げてしまいました。λの必要性がなくなったことで、「λはゼロである」ということになったはずでしたが……。

ところが、話は三転します。アインシュタインの死後25年以上が経過してからインフレーション理論が登場するや、宇宙誕生直後の、まだ銀河が一つも発生していない時代に起きたこの大膨張の誘因が、宇宙定数λの効果による膨張エネルギーであったと考えられるようになったのです。宇宙定数λをプラスの値にとれば、空間を膨張させるエネルギーをもたらし、宇宙を膨らませることが可能です。アインシュタインが自ら葬り去ったはずの宇宙項は、こうしてふたたび、日の目を見ることとなったのです。

宇宙項にさらなる活躍の舞台が

観測によれば、今から131億年前ごろには、銀河の生成が始まったと考えられています。宇宙を大局的に見ると、個々の銀河は単に空間に浮いているというよりも、〝空間にくっついている〟と考えるべきです。したがって、空間が膨張すれば、銀河どうしは互いに離れていきます。

インフレーションが終わり、ビッグバンを迎えたあとの宇宙は、ゆっくりとした膨張を続けていました。ところが、現在の宇宙は加速的に膨張していることが明らかになったのです。かつての宇宙より現在の宇宙のほうが、より速く膨張しているというのです。「膨張速度を増す」などということが、どうすれば可能になるのでしょうか？

ポイントは、現在の宇宙には膨大な数の銀河が存在するということです。その大質量に逆らって、しかも速度を上げながら膨張を続けている……。宇宙のからくりは何度も何度も繰り返し、私たちに新たな謎を投げかけてくるようです。

宇宙が加速膨張している事実は１９９８年、サウル・パールミュッター博士、ブライアン・シュミット博士、そしてアダム・リース博士の３人によって明らかにされました。彼らは、その業績により、２０１１年にノーベル物理学賞を受賞しています。この加速膨張は、宇宙初期のインフレーションのような劇的な膨張ではありませんが、すでに銀河が形成されていた今から60億年ほど前にふたたび加速的に膨張し始めたというふしぎに満ちています。

言い方を換えれば、インフレーション期に一躍名を上げた宇宙定数λがいったん鳴りをひそめたあと、ふたたび現役復帰したようなものです。つまり、宇宙を歴史的に眺めると、

インフレーション（瞬間的巨大加速膨張）→ビッグバン→ゆっくり膨張→加速膨張（現在）

という変遷をたどってきたことになります。

しかし、今から60億年前に、どうしてふたたび宇宙定数λが復活して加速膨張が始まったのかはまったく謎のままです。アインシュタインもさぞ、驚いていることでしょう。

個々の銀河は、膨大な量の質量をもっています。そして質量は、重力の発生源です。何度も繰り返しているように、重力は徹底的に〝引力〟であり、したがって、たくさんの銀河どうしの間には重力が働いて互いに近づこうとします。銀河間に働くこの重力は、宇宙の膨張とは反対向きに働き、いわば膨張のブレーキ役を果たします。一方、宇宙を加速的に膨張させる力は「反重力」として働き、銀河どうしを引き離すように働きます。そのからくりは、どうなっているのでしょうか？

真空のエネルギー密度は小さいが……

宇宙の膨張は、真空空間自身の膨張です。

真空が加速的に膨張するためには、なんらかのエネルギーが必要不可欠です。このエネルギーが、反重力効果をもたらすアインシュタインの宇宙定数λと見なされ、宇宙を加速膨張させる原因だと考えられます。そして、それは真空に存在するエネルギーであると考えられ、現在ではこの真空のエネルギーのことを「ダークエネルギー」とよんでいます。$E=mc^2$を介して質量に換算した際、実に宇宙全体の68%を占めていることが判明した、あの謎のエネルギーです。

ダークエネルギーの正体はまだ、まったくわかっていません。空間がどんどん加速的に膨張するにしたがって、真空のエネルギーもまた、どんどん独りでに増えていきますが、エネルギー密度は一定であるようです（1㎤あたり、すなわち1cc内に含まれるエネルギー）。

この真空のエネルギーは、エネルギーと質量を等価とする$E=mc^2$によって質量に置き換えられます。したがって、宇宙定数に相当する観測による真空のエネルギー密度は、質量密度に置き換えることができ、10^{-30}g／ccという値が出ています。小数点以下にゼロが29個もならぶ数字ですから、これはもうゼロに近いような小さな値ですね。

したがって、現在の宇宙は加速膨張してはいるものの、観測から得た宇宙定数、すなわちダークエネルギー密度はきわめて小さいことになります。ところが、この「10^{-30}g／cc」という値が、この宇宙に隠されたさらなる「からくり」の存在を指し示すことになりました。それが、先に紹介したこの宇宙における物質の組成割合です。

10^{-30}g／ccというエネルギー密度を質量密度に置き換えた結果、次の三つの組成割合が明らかになったのです。

❶元素周期表に記載されている原子から構成されているふつうの物質……5%

❷暗黒物質（正体不明な謎の物質）……27%

❸質量に換算されたダークエネルギー（謎のエネルギー）……………68％

この驚くべき事実は、２０００年以降になってはっきりしてきたものです。銀河はふつうの物質でできていて、宇宙はそのような銀河からできているという素朴な宇宙像は、根底からすっかり覆されてしまいました！　こうしてふたたび、宇宙の正体は霧の向こうへと隠れてしまったのです。

ちなみに、暗黒物質の〝候補者〟はいくつか挙がっていますが、どれもまだ決定的にはなっていません。

二つの真空のエネルギー

最後に一つ、真空のエネルギーに関する未解決問題をご紹介します。

場の量子論によれば、絶対ゼロ度の真空には無限個のゼロ点振動が存在します。ただし、真空には「プランクの長さ」よりも短い長さは存在しないので、ゼロ点振動の振動数には上限がありました（221ページ参照）。とはいうものの、プランクの長さが1.6162×10^{-33}cmときわめて短いために、これに相当する上限の振動数はかなり大きな値になります。

計算によれば、場の量子論からの真空のエネルギー密度は10^{90}g／cc（１の後にゼロが90個続く！）というとてつもなく大きな値になってしまいます。これは「理論値」です。

一方、観測に基づく真空のエネルギー密度（宇宙定数）は、前述のとおり10^{-30}g／ccです。この小さな値は、いかなる物理法則から導かれたものでもなく、あくまで観測値です。

二つの値を並べてみましょう。

❶場の量子論に基づく真空のエネルギー密度……10^{90}g／cc
❷観測に基づく宇宙定数……………………10^{-30}g／cc

どちらの値も、宇宙を加速膨張させる原因となるダークエネルギー（真空のエネルギー）ということになりますが……、いったいどっちが本当の値？

この二つの差を計算してみると、場の量子論から得た真空のエネルギーは観測から得た真空のエネルギー（宇宙定数）の10^{120}倍になっています！

いくらなんでも、この差はあまりにも大きすぎます。もし、場の量子論からの巨大な数値（10^{90}g／cc）が実際の真空のエネルギー密度であるとすれば、宇宙の膨張は激しく加速されます。加速膨張が今から60億年前に始まったとすれば、膨張があまりにも速く進みすぎて、とうの昔に太陽系も銀河も、原子ですら木っ端微《み》塵《じん》に引き裂かれてしまっていることでしょう。これを「ビッグリップ」といいます。「リップ（rip）」は引き裂くという意味です。

ビッグリップが起こっていたら、当然、私たち人間も発生しなかったことになります。明らかに何かが間違っているのですが、それが何かはまだわかっていません。右に掲げた二つの真空エネルギー密度の差は、現代物理学の「未解決問題」の一つに指定されています。

アインシュタインが生涯をかけて探究に取り組んだエネルギーEと質量mには、まだまだ深い謎が隠されているのです。

＊

私たちが暮らすこの宇宙には、未知のからくりがまだいくつもひそんでいるようです。いずれまた、その大いなる謎解きに挑んでいくことにしましょう。

また会う日まで、しばしのお別れです。

【ま・や行】

【ら・わ行】

【か行】

【さ行】

さくいん

N.D.C.421　254p　18cm

ブルーバックス　B-2048

E＝mc^2のからくり
エネルギーと質量はなぜ「等しい」のか

2018年 2 月20日　第 1 刷発行
2024年10月 4 日　第12刷発行

著者　山《やま》田《だ》克《かつ》哉《や》
発行者　篠木和久
発行所　株式会社講談社
〒112-8001　東京都文京区音羽2-12-21
電話　出版　03-5395-3524
販売　03-5395-4415
業務　03-5395-3615
印刷所　（本文印刷）株式会社新藤慶昌堂
（カバー表紙印刷）信毎書籍印刷株式会社
製本所　株式会社国宝社

定価はカバーに表示してあります。

ISBN978－4－06－502048－7

発刊のことば

科学をあなたのポケットに

二十世紀最大の特色は、それが科学時代であるということです。科学は日に日に進歩を続け、止まるところを知りません。ひと昔前の夢物語もどんどん現実化しており、今やわれわれの生活のすべてが、科学によってゆり動かされているといっても過言ではないでしょう。

そのような背景を考えれば、学者や学生はもちろん、産業人も、セールスマンも、ジャーナリストも、家庭の主婦も、みんなが科学を知らなければ、時代の流れに逆らうことになるでしょう。

ブルーバックス発刊の意義と必然性はそこにあります。このシリーズは、読む人に科学的に物を考える習慣と、科学的に物を見る目を養っていただくことを最大の目標にしています。そのためには、単に原理や法則の解説に終始するのではなくて、政治や経済など、社会科学や人文科学にも関連させて、広い視野から問題を追究していきます。科学はむずかしいという先入観を改める表現と構成、それも類書にないブルーバックスの特色であると信じます。

一九六三年九月

野間省一